镍基铸造高温合金

王建明　杨舒宇　编著

北　京
冶　金　工　业　出　版　社
2023

内 容 提 要

全书共分为七章，内容以新型镍基铸造高温合金的开发与研究为主线，从镍基铸造高温合金的成分设计、熔炼工艺、合金组织、力学性能、组织稳定性及持久性能等方面进行了全面、深入的阐述。本书在镍基铸造高温合金理论、新工艺方法以及应用实践等方面有作者许多的独特成果。

本书可作为工科高校材料学类及材料加工类等专业的研究生教材，也可供相关专业的教师、研究生、本科生及科技工作者参考使用。

图书在版编目(CIP)数据

镍基铸造高温合金/王建明，杨舒宇编著．—北京：冶金工业出版社，2014.10（2023.11 重印）

ISBN 978-7-5024-6749-4

Ⅰ.①镍…　Ⅱ.①王…　②杨…　Ⅲ.①镍基合金—耐热合金—铸造　Ⅳ.①TG146.1

中国版本图书馆 CIP 数据核字(2014) 第 237072 号

镍基铸造高温合金

出版发行 冶金工业出版社　**电　话** (010)64027926
地　址 北京市东城区嵩祝院北巷 39 号　**邮　编** 100009
网　址 www.mip1953.com　**电子信箱** service@mip1953.com

责任编辑 程志宏 徐银河　美术编辑 吕欣童　版式设计 孙跃红
责任校对 郑 娟　责任印制 窦 唯
北京捷迅佳彩印刷有限公司印刷
2014 年 10 月第 1 版，2023 年 11 月第 2 次印刷
880mm×1230mm 1/32；5 印张；151 千字；150 页
定价 48.00 元

投稿电话 (010)64027932　投稿信箱 tougao@cnmip.com.cn
营销中心电话 (010)64044283
冶金工业出版社天猫旗舰店 yjgycbs.tmall.com
(本书如有印装质量问题，本社营销中心负责退换)

前　言

镍基高温合金作为在各种航空、航天发动机和燃气轮机中使用的主要材料，其应用价值的重要性是不言而喻的。因此，需要针对具有优异综合性能的镍基高温合金的成分与制造过程、组织与性能进行深入研究。本书在总结前人有关研究成果的基础上，以新型镍基铸造高温合金的开发及性能研究为主线，对两种新型镍基铸造高温合金进行了系统阐述，结合X射线衍射仪（XRD）、透射电子显微镜（TEM）、扫描电子显微镜（SEM）、电子探针（EPM）和图像分析仪等测试与分析手段，探讨了铸造镍基高温合金有害元素的存在形态、结合合金的组织及性能、热处理工艺等，用理论测算和实验相结合的办法，对镍基单晶高温合金中γ相和γ′相元素的分布特征、组织稳定性及持久性能等进行分析。

本书共分为7章，第1章为镍基铸造高温合金的基础理论，是全书的基础和铺垫。介绍高温合金、镍基铸造高温合金的基础理论、发展趋势以及面临的问题及挑战等。第2章着重阐述了镍基铸造高温合金的成分设计及熔炼工艺。第3章为镍基铸造高温合金的组织及热处理，详细分析了新型镍基铸造高温合金的组织特点及热处理对其组织和性能的影响。第4章为镍基铸造高温合金的性能描述，主要探讨了合金的物理性能、力学性能和焊接性能等。第5章介绍了镍基单晶高温合金中氧、氮、硫的存在形式，揭示了合金中氧、氮、硫的含量及存在形态对性能的影响。第6章的内容围绕镍基单晶高温合金铸态组织及γ相和γ′相合金元素分布特征进行了深入的分析。第 7 章讨论了镍基单晶高温合金的组织稳定性和持久性能，给出了合金的 Larson-Miller 曲线等。

希望通过本书的出版起到抛砖引玉的作用，能有助于镍基铸造高温合金的发展，能够丰富新型镍基铸造高温合金的设计理论基础，并为具有优异性能的新型镍基铸造高温合金早日工业化贡献一份力量。

本书的研究工作得到了钢铁研究总院的帮助，特此向所有支持和关心本项研究的单位和个人表示衷心的感谢。还要感谢冶金工业出版社编辑为本书的出版付出的辛勤劳动。本书编写过程中参阅了有关文献和书籍，并均已收录在参考文献中，在此作者对相关文献作者一并致谢。

由于作者水平所限，书中不妥之处欢迎广大读者不吝赐教。

王建明　杨舒宇

2014. 5. 18

目　录

第1章 概 述

1.1 高温合金基本特征

高温合金又称热强合金、耐热合金或超合金，通常采用的是Sims和Hagel所编写的《高温合金》一书中的定义[1,2]，即高温合金通常是以元素周期表中第Ⅷ主族元素为基，能在较高的温度和严酷的工作环境下承受较大的应力并具有较高的表面稳定性的合金，在英国、美国被称为“超合金”。高温合金的分类方式有很多种，如按合金基体元素可分为：铁基高温合金、镍基高温合金、钴基高温合金；按合金的强化类型可分为：固溶强化高温合金、沉淀强化高温合金；按合金的成型工艺可分为：变形高温合金、铸造高温合金、粉末高温合金。

高温合金具有良好的高温强度和抗氧化、抗腐蚀性能，优异的抗疲劳和抗蠕变性能、断裂性能和组织稳定性，在航空发动机及工业燃气轮机等领域发挥着至关重要的作用。涡轮叶片、导向叶片、涡轮盘、燃烧室等零件几乎都由高温合金制成。随着航空航天工业的推进发动机推力和推重比增大，涡轮入口温度不断提高，这就要求高温合金的力学性能也相应提高，以满足航空航天用发动机及工业燃气轮机发展的需要，也就是说现代航空发动机和各种工业燃气轮机的发展与高温合金的发展是相辅相成的，高温合金的研制和生产水平是一个国家金属材料发展水平的重要标志之一。

高温合金自1929年问世以来，经过80多年的发展，形成了独特的合金体系。我国自1956年开始自行研制、生产高温合金，业已走过了五十多年的发展历程，继美国、俄罗斯之后形成了具有中国特色的合金体系。

现代高温合金具有如下特征：

(1) 合金化程度高。

(2) 微量元素难以控制和掌握。

（3）合金中含有铝、钛等较活泼元素，在熔炼中易氧（氮）化烧损，并生成夹杂物而影响合金的纯净度。

（4）钨、钼、铌、铝、钛的同时大量存在，会引起偏析和组织的不均匀。

（5）合金对气体含量要求非常严格，热加工性能差。

1.2 高温合金的发展趋势

高温合金的发展动力直接来自于燃气涡轮发动机，特别是航空领域涡轮发动机推力和效率日益增长、工作温度不断提高的需要。高温合金的发展过程大致经历了三个阶段，使得合金的承温能力每年大约提高10℃，如图1-1所示[3,4]。

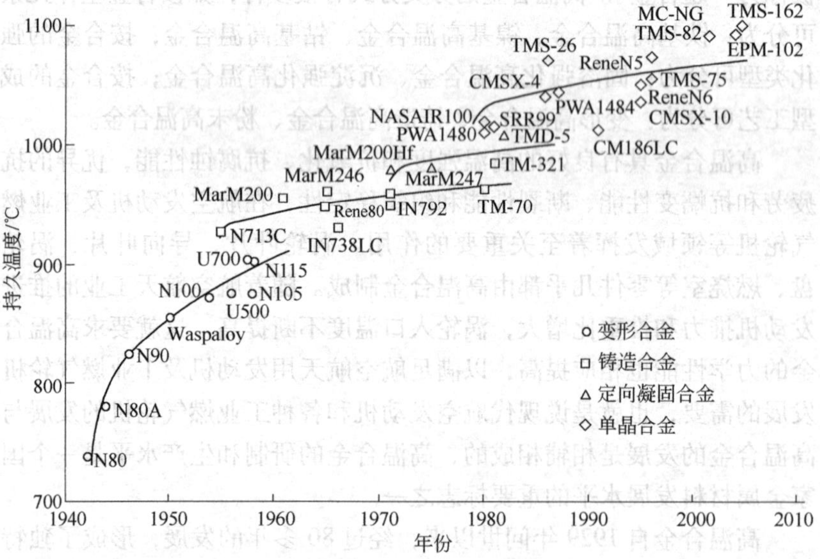

图1-1 高温合金承温能力的发展[3,4]

早在20世纪初期，人们就已发现向镍-铬基体中加入少量的铝或钛，能产生显著的蠕变强化效果。这一发现以及同期出现的涡轮发动机一起拉开了对高温合金研制与应用的序幕[5]。在随后的20年里，通过成分的不断调整，高温合金中主要强化相γ′相固溶温度和数量不断提高，合金强度达到了较高水平。通过权衡（铝＋钛）与铬的相对含量，保证了强度与耐热腐蚀性能间的平衡。首先是钼，随后是钨、铌等难熔金属元素的加入，带来了显著的固溶强化与碳化物强化效应，再通过硼、锆、铪等微合金化改善晶界。然而，伴随着强度的提高，高温合金又面临新的严峻挑战：如低延性和有害相（如已知的σ相、μ相、Laves 相等）的析出等[6]。

20 世纪 50 年代出现的真空熔炼技术和精密铸造工艺使高温合金进入了第二个蓬勃发展时期。这些技术的应用进一步提高了高温合金的合金化程度，消除或降低了有害的杂质元素和气体含量，可以精确控制合金的化学成分，生产出复杂形状的铸件。因此，一大批性能更为优越、生产效率更高的铸造合金开始取代变形的锻造合金成为复杂形状热端部件的主要制造材料。随后，定向凝固、单晶合金、粉末冶金、机械合金化、快速凝固、陶瓷过滤、等温锻造等新技术、新工艺的发展和应用，使高温合金进入了一个工艺发展的新时代。工艺进步对材料耐温能力提高的贡献如图 1-2 所示，其中，定向凝固工艺所起的作用尤为重要，使用温度接近合金熔点 80%～90% 的第三代镍基

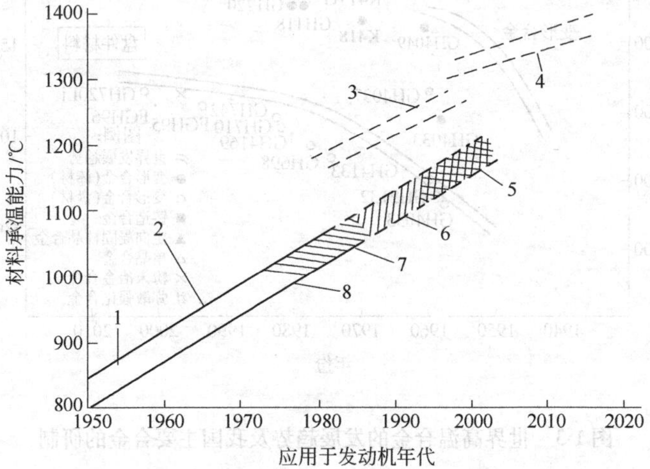

图 1-2 高温合金材料与工艺的发展

1—变形合金；2—常规铸造；3—热屏障涂层；4—陶瓷基复合材料和陶瓷；5—纤维强化超合金；6—氧化物扩散强化；7—单晶；8—定向凝固超合金

单晶合金代表了目前铸造高温合金的高水平。

镍元素具有独特的原子结构和稳定的晶体结构，室温直至熔点的温度范围始终保持 FCC 结构不变，同时，镍对许多合金元素具有较强的固溶能力，可以进行充分的合金化，因此镍具有作为高温合金基体元素的优越内在属性。尤其是镍基高温合金中，可以析出 $L1_2$ 结构的 γ' 相[7]，这是镍基高温合金中最有效的强化方式，保证了镍基高温合金优良的综合性能。因此，镍基高温合金是在航空发动机及地面和海洋用燃气轮机中应用最为广泛的高温材料。

与国外各期的同类合金相比，我国合金虽然出现较晚，但各项性能与国外合金是基本相当的（见图 1-3）[8]。

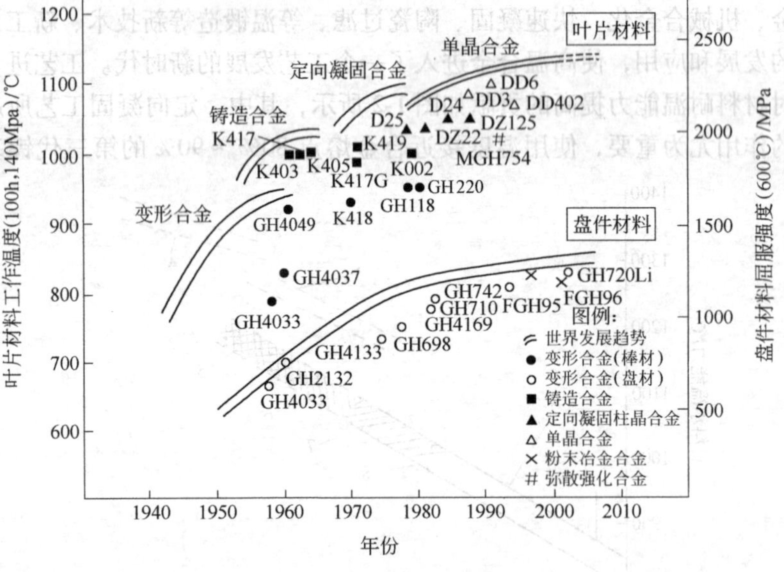

图 1-3 世界高温合金的发展趋势及我国主要合金的研制

高温合金是非常有生命力和发展前途的未来材料，而且它正在进入“工艺时期”的第二个时代，其主要的发展趋势包括以下几个方面[9]：

（1）用铼作为合金化元素以最大限度地提高高温合金的高温蠕变强度。

（2）含一定量铪、镧及钇（提高氧化抗力）的无涂层合金的开发。

（3）更广泛地应用定向凝固和单晶涡轮叶片及导向叶片铸件。

（4）提高涡轮盘合金洁净程度以便最大限度减少涡轮盘合金的固有内部缺陷。

（5）更广泛地应用等温锻造以使涡轮盘中获得均匀尺寸的晶粒。

（6）更广泛地应用预合金化粉末进行生产的涡轮盘合金。

（7）更广泛地应用热等静压致密化的细晶铸造涡轮机叶轮。

（8）广泛地发展和应用混合部件，这种混合部件是利用扩散联结方法，将两个或更多种零件连接在一起形成整体合金部件。

由于陶瓷和金属间化合物首先在短寿命发动机上获得了特殊的应用，因此这些材料的竞争将变得更加激烈。尽管在一些特殊的领域不断有新材料涌现，但镍基高温合金仍将是燃气轮机行业的主要的材料。这是由于它们具有良好的适应性和可修复性，即采用铸造、锻造和粉末冶金工艺可以制造出各种尺寸的燃气轮机部件。

1.3 高温合金的熔炼方法

20 世纪 40 年代，高温合金是在大气下采用电弧炉或感应炉熔炼的。但在大气环境下会造成元素烧损，很难准确控制合金的成分，并存在气体、有害杂质及非金属夹杂物含量高等缺点，所以从 20 世纪 50 年代开始采用真空熔炼。

1.3.1 高温合金的熔炼技术

高温合金超纯净熔炼的目标是消除大于临界缺陷尺寸的夹杂物，并且氧、氮及硫的含量小于液相线温度的溶解度。这样可以在不改变合金主要成分的情况下，提高合金的使用性能。

目前高温合金的熔炼方法包括：

（1）单炼。单炼有电弧炉熔炼（AAM）、感应炉熔炼（AIM）、真空感应炉熔炼（VIM）、等离子电弧炉熔炼（PAF）、等离子感应炉熔炼（PIF）等。

（2）双炼。双炼有真空电弧重熔（VAR）、真空电弧双电极重熔（VADER）、双真空熔炼（VIR）、非自耗（NAV）、等离子（PMV）、电渣重熔（ESR）、真空感应加电渣重熔（EVR）、非自耗（NER）、等离子重熔（PAR）、电子束重熔（EBM）、真空感应加电子束（VEB 或 VIM + EBCFM）、非自耗电极加电子束（NEB）等。

（3）三次熔炼。三次熔炼有 VIM + VAR + ESR、VIM + ESR + VAR、NAV + EBM + VAR 等。

采用电渣重熔金属作为第三次真空电弧重熔的自耗电极，主要是保证合金具有很低的气体含量。

国内外高温合金的熔炼设备主要有电弧炉、感应炉、真空感应炉、真空自耗炉和电渣炉、电子束炉和等离子电弧炉等。

1.3.2 真空冶金的定义和特点

真空冶金是指在小于标准大气压的条件下进行的冶金作业，它具有以下一些特点[10,11]。

（1）真空下气体压力低，对一切增容反应（增加容积的物理过程或化学过程）有利。这类过程很多，如物质的气化、金属的气化和蒸发，在真空中物质的沸点降低。

$$M_{凝聚态} \longrightarrow M_{气态}$$

氧化物被还原剂还原，金属氧化物还原成固态或液态金属。

$$R + MO_{凝聚态} \longrightarrow M_{凝聚态} + RO_{气态} \uparrow$$

金属氧化物还原成气态金属。

$$R + MO_{凝聚态} \longrightarrow M_{气态} + RO_{气态} \uparrow$$

溶解了气体的金属放出气体。

$$G_{金属} \longrightarrow G_{气} \uparrow$$

金属与气体生成的化合物分解放出气体。

$$MG \longrightarrow G_{气} \uparrow + M$$

真空环境对这些过程都有利，加快了反应进行的速度或是降低反应进行的温度。

(2) 真空中气体稀薄，很少有气体参加反应。金属在真空中熔化时溶解气体的量很少。金属在真空中加热到较高温度时氧化量较少，无论金属呈固体或液体都极少在真空中氧化。气体遵循理想气体方程。

(3) 真空系统是一个较为密闭的体系，与大气基本隔开，只经过管道和泵将真空系统中的残余气体送入大气。大气只能经密封不严处进入真空系统，系统内外的物质流动完全在控制之下。

(4) 若过程需要较高的温度（大于真空室壁材料的软化温度），则加热系统在炉内要用电加热，因而真空系统没有燃料燃烧所带来的问题，如含 SO_2 气体的排放、收尘和对环境的污染等。

(5) 金属或氧化物在真空中形成气体之后，气体分子很小或很分散。在真空中多原子分子倾向于分解成较少原子组成的分子，形成的气体分子很小，粒径一般为 10^{-10}m。

1.3.3 真空感应熔炼

真空感应熔炼是一种成熟的真空熔炼方法，是高温合金生产的重要工艺，特别是对含有铝、钛等活泼元素较多的合金，必须采用真空感应熔炼。美国已有容量为60t的真空感应炉，精密铸造真空感应炉达100座以上。近年来，在真空感应熔炼高温合金时，国外已广泛采用电子计算机进行控制和成分调整。我国具备较先进水平的是对高温合金中镁含量的控制及数学模型的建立等方面，并成功地应用于实际生产中。

为了提高真空感应熔炼金属的纯净度，国外使用的方法有：严格控制原材料的纯净度、提高坩埚材料的稳定性、延长精炼时间、吹氩搅拌脱氮、采用过滤技术等。

真空感应熔炼具有以下一些特点：

(1) 金属熔炼、熔化、合金化及浇注均在真空条件下进行，避免了与大气的相互作用而产生的污染。

(2) 在真空条件下，碳具有很强的脱氧能力，其产物CO被抽至真空系统之外，克服了采用脱氧剂所产生的脱氧产物的污染。

(3) 可以精确控制合金成分，特别是铝、钛、硼、锆等合金元素的含量可控制在很窄的范围之内，包括对百万分之一数量级易挥发微量元素的控制。

(4) 低熔点有害杂质、微量元素及气体可被去除，还可以消除二次氧化。强烈的搅拌速度可加快反应速度，并使熔池内液态金属的温度和成分均匀。

(5) 熔炼与铸造操作容易。

(6) 不同熔炼批次材料成分的再现性好，使材料的性能稳定一致。

(7) 存在熔炼过程中坩埚耐火材料污染金属的问题。

(8) 合金铸锭或铸件的凝固组织不容易控制，这个问题要通过电磁冶金来解决。

真空感应熔炼主要是用来生产和熔炼母合金及精密铸造零件，大型的真空感应炉也用来生产优质特殊钢锭。铸造真空感应炉则主要用来生产镍基高温合金铸件。在国内，真空感应熔炼是基本的熔炼方法，主要用于熔炼高温合金、高强度钢和超高强度钢。

真空感应熔炼采用的辅助措施包括：

(1) 采用 CaO 耐火材料[12~15]。

(2) 电磁搅拌[16]。

(3) 过滤[17]。

(4) 加稀土元素[18~20]。

1.4 铸造高温合金

铸造高温合金是高温合金领域中极为重要的一大类合金，由于对合金材料本身的研究和各种先进铸造技术的应用，促进了铸造高温合金性能的不断提高，种类和应用范围的不断扩大，已经并将在较长的时期内占有重要地位。20 世纪 40 年代以来，航空发动机涡轮前温度从 730℃上升到了 1677℃，这使得航空发动机获得空前的巨大进步，而这一进步与多种因素有关，其中，铸造高温合金的技术进步发挥了非常重要的作用[8]。1943 年，美国 GE 公司用钴基合金 HS-21 制造了 J-33 航空发动机的涡轮工作叶片，代替了原先的锻造高温合金 Hastelloy-B，这开创了使用铸造高温合金的历史。由于当时以及50年代，铸造叶片晶粒粗大且不均匀，疲劳性能远低于锻造合金，因而叶片的主要失效形式是疲劳断裂，并且当时的锻造技术和沉淀硬化型镍基变形高温合金发展较快，使得设计者优先选用变形高温合金而非铸造高温合金。到了60年代，随着发动机工作温度的提高，要求材料有更好的高温强度，使得合金化程度进一步提高以增加合金中γ′相的含量，这使得变形高温合金越来越难以满足要求。因为进一步的合金化导致了在热锻叶片加工时易造成热裂和初熔。同时，熔模铸造技术日益成熟，真空熔炼与真空浇注技术得到应用和发展，借碳沸腾以去除高温合金中的O、N、S及低挥发的有害杂质，这些都使得合金的性能得到提高，性能的可靠性亦有了进一步的保障。这时精密铸造法已成为现代制造高温合金涡轮的主要方法。为了有效地提高涡轮的进气温度，英国从60年代初就使用起空心叶片，达到了提高进气温度100℃的效果。60年代中期，发展了定向凝固高温合金技术，随后，美国Pratt & Whitney及TRW发展出单晶叶片。由于定向凝固法制造单晶叶片的成功，并且表现了优异的高温性能，使得几乎所有的先进发动机都选用铸造高温合金来制作最高温区工作的叶片，确立了铸造高温合金叶片的垄断地位。现在单晶合金已经发展到了第四代。从承温能力最高的等轴合金发展到第四代单晶合金，其承温能力提高了180℃。

由于传统高温合金的应用潜力已基本耗尽，各国都在寻求原先高温合金的替代材料。Ni_3Al金属间化合物由于具有熔点较高、密度较轻、高温性能及抗氧化性能好等优点，而备受青睐。俄罗斯经过20多年的研究，发展了一系列的Ni_3Al基合金，作为1150～1200℃范围使用的燃烧室或导向叶片材料。该系列包括等轴、定向及单晶等不同成分的Ni_3Al合金，其中一些合金具有相当好的综合性能，已得到了广泛的应用。美国将Ni_3Al合金称为IC合金，经过多年的努力，已开发出一批Ni_3Al基，添加B、Cr、Hf、Zr、Mo元素的系列合金，获得了良好的综合性能。另外，在定向凝固共晶高温合金方面，美国、俄罗斯、法国均已研发出了第二代合金，它们的牌号为：NITAC、COTAC、Вклс。世界四大航空航天国美国、俄罗斯、英国、中国都各自建立了一套完整的铸造高温合金体系[8,21,22]。

我国铸造高温合金是从20世纪50年代发展起来的，虽然起步较晚，但是经过几十年的发展，已经达到了较高的水平。我国铸造高温合金从仿制苏联高温合金开始，发展到独创和提高阶段。尤以60～70年代一批性能优异的铁基高温合金先后研制成功为代表。

50年代后期，在苏联专家的指导下，研制成功了K401等铸造高温合金并应用于BK-1A型喷气发动机。60年代前期，用真空熔炼和多层型壳精铸技术取代了原先的非真空熔炼和湿法造型精铸技术，开创了我国铸造高温合金新工艺。1966年，九小孔铸造空心气冷涡轮叶片试车成功，使我国成为世界上第二个采用铸造空心涡轮叶片的国家。我国在定向凝固高温合金和单晶合金领域也取得了一定的成就。由航空材料研究院研制的DZ4合金是我国第一种投入使用的定向凝固高温合金。航空材料研究院和钢铁研究总院都在单晶合金方面做了很多的工作，研制的单晶合金有DD3、DD4、DD6和DD402。中科院金属研究所研制了具有很好耐蚀性的DZ38G和DD8合金，它们适用于舰船或舰载发动机的涡轮叶片。在高温合金的替代材料研究方面，我国对金属间化合物的研究也投入了大量的人力和物力，进行了比较系统的研究，在基础理论和应用领域取得了很大的进展。北京航空材料研究院采用传统的定向凝固铸造方法生产的Ni_3Al基IC-6，在1100℃、100h的持久强度达到了90MPa，室温的拉伸强度达到1200MPa，现已用于小批量的某航空发动机导向叶片。钢铁研究总院研究的MX246合金已在高温耐磨工况条件下得到了广泛的应用。我国在定向凝固共晶高温合金的研究方面，进行了有益的探索，但仍处于起步阶段。我国所研制的铸造高温合金见表1-1[23]。

表1-1 我国所研制的铸造高温合金

类型	合金牌号	主要研制单位
普通铸造合金	K418，K4188，K423，K423A，K424，K480，K213，K4169	钢铁研究总院
	K401，K403，K405，K406，K406C，K419，K825，K477，K4002	北京航空材料研究院
	K417，K417G，K438，K438G，K441，K491，K417L	中科院金属所
	K409，K640	上海钢铁研究所

续表 1-1

类型	合 金 牌 号	主要研制单位
定向合金	DZ4，DZ5，DZ22，DZ22B，DZ125	北京航空材料研究院
	DZ17G，DZ40M，DZ38G，DZ125L	中科院金属所
单晶合金	DD402	钢铁研究总院
	DD3，DD4，DD6	北京航空材料研究院
	DD8	中科院金属所

世界范围内铸造高温合金近20年的发展情况，具有以下特点：首先是对等轴晶铸造高温合金，靠设计成分而发明新的合金已不多，较多的研究工作是对现有合金进行元素的微量调整和更合理的搭配，加上先进的冶炼净化、热等静压、热处理等技术，最大限度地发展材料潜力，在提高力学性能的同时，更重视材料的可靠性、稳定性、环境性和经济性。另一特点是合金材料的研究与先进的特种凝固工艺更为紧密的结合，形成了新的合金系列或使合金组织性能发生很大变化。

其原因在于工作条件的特殊性，对铸造高温合金某些指标提出了很高的要求，从而促使铸造高温合金技术由单一的较粗大等轴晶组织，向两个相反方向发展：

(1) 通过细晶铸造技术，使高温合金铸件组织形成细小均匀的等轴晶，有效地提高合金的屈服强度和抗机械疲劳性能；

(2) 即通过定向凝固技术，控制结晶凝固成单晶组织，大幅度地提高合金的高温持久和蠕变性能。另外，真空吸铸、离心铸造、连续铸造等工艺技术也不同程度地促进和扩大了铸造高温合金的发展和应用。再一个特点是其他学科或技术领域在铸造高温合金研究中越来越多地得到应用，如热等静压技术、计算机技术等。

1.4.1 细晶铸造

按照通常的铸造工艺，熔模铸造的高温合金铸件，浇铸后的合金晶粒比较粗大，粗大的晶粒固然有较高的耐热强度，但抗疲劳性能下降很多。并且通常伴随着组织不均匀，以及较严重的偏析，使得抗疲劳性能进一步下降，质量可靠性降低。通过细化晶粒和消除柱状晶结构，可以减少偏析、改善材料的强度和低周疲劳性能，减少性能数据的分散性。在各种实验条件下，细晶粒组织比粗大的晶粒组织的抗疲劳能力强，经受更多的疲劳循环次数后才出现裂纹[3]。在普通铸造时，如果出现柱状晶或者混合晶（等轴晶及柱状晶），抗疲劳能力更差。从20世纪50年代起，国外开始研究细晶铸造，并发表了一批论文，也取得了一定的成果。真正地实际应用开始于20世纪70年代。

细晶铸造的方法通常有三大类：热控法、振动法和化学法，其中振动法的应用较多，包含机械振动法、电磁搅动法及超声波振动法。振动法的原理是在液态金属的凝固过程中进行强烈的搅拌，使普通铸造易于形成的树枝晶网络骨架被打碎，并成为新的结晶核心。这些分散的颗粒状结晶核心很多，从而使得铸件组织成为细小等轴晶。开发最早、应用最广的是美国 Howmet 公司的 GX 法，这种方法适用于回转类铸件。热控法主要是通过合适的浇注温度和恰当的模壳温度来细化晶粒，使铸件快速凝固而使柱状晶来不及长大和不形成混合晶。由于采用热控法，铸件各个部分实际上基本是同时凝固，很难浇出结构致密的铸件，不可避免地存在严重的显微疏松。化学法适合铝合金之类，由于高温合金熔炼温度很高，元素含量控制极严，故应用起来很困难，为了使铸件表面晶粒细化，目前采用的方法是将孕育剂加入到型壳表面层浆料，镍基高温合金普遍使用的孕育剂是钴的氧化物，即氧化亚钴或四氧化三钴，或为二者的混合物。在模壳中涂敷氧化钴也只能细化表面晶粒。GE 公司在20世纪80年代后期发展的细晶离心铸造，是将金属液浇到旋转的铸型中，由于离心力的作用，而使充型能力得到极大提高。在离心铸造条件下，高密度的金属液沿外圈分布，同时，低密度物质沿内圈分布，低密度的组分包括氧化物、硫化物气体和其他杂质，能够得到 ASTM 4~6.5 级的晶粒组织。这种在高压条件下适当控制铸造工艺参数（热控法）形成的晶粒组织更加细小且组织致密、夹杂物大为减少、室温和中温（648℃）的拉伸以及应力破坏性能远远超过标准要求的值。美国的 Howmet 公司细晶铸造工艺 Microcast，是采用机械搅动和快速凝固相结合获得细晶组织，晶粒度等级为 ASTM 3~5 级，可与高温合金的锻件相媲美，其工艺要点是：合金熔炼后静置降温使得浇注过热度在20℃以内；浇注时对熔体进行机械或者电磁搅拌使熔体成为细小的液滴进入预热铸型的型腔；在铸型内搅动熔体并且提高铸型的冷却速度，使得铸件在整个截面上分布均匀细小非枝晶组织。美国的P. C. C公司从定向凝固技术发展起来了一种温度控制凝固（TCS）技术[24]，它使得铸件的凝固界面顺序推进，从而使得所浇铸件获得致密的组织、好的充型能力和极少的疏松。铸件所获得的组织依赖于 *G/R* 值，在比较合适的比值下，用TCS方法是可以生产出相对小的等轴晶，并且铸件收缩很小。TCS技术是在模壳外面加上了一个烧结罩，来加热模壳，底部加了一个冷铁，在浇注后，烧结罩按照一定的速度退却。国外细晶铸造应用情况见表1-2[25]。

表1-2 国外细晶铸造应用情况

试验单位	方法名称	晶粒等级	工艺方法	适用场合
Howmet	Microcast-(MX)	ASTM3 ~ 5	热控法 + 振动法	各类型各型号
Howmet	Grainex(GX)	ASTM9 ~ 13	机械振动法	整铸叶轮等
Aires-earch	FGP	ASTM1 ~ 2	热控法	小型叶片等
美国精铸	CGS	ASTM3 ~ 5		
G. E		ASTM4 ~ 6. 5	离心铸造	圆盘类
Howmet	Spraycast-X	ASTM6 ~ 8	喷雾成型	

细晶工艺的凝固过程有很强的形成显微疏松的倾向，必须配合适当的热等静压(HIP)处理。因此，对于高温合金的结构件铸件，通过细晶工艺加热等静压处理，可达到组织细小、均匀、致密的效果，使整体铸件在组织和性能上达到很高水平，接近锻件[26,27]，满足了设计和应用需要，同时大大缩短加工周期，提高金属利用率，减少零件数量，提高可靠性，显著降低成本。这一技术的成功，已使现代航空发动机总质量的1/4由铸件组成，其中结构件约占2/3。

我国自20世纪90年代以来，随着技术的进步，航空、航天发动机的一些重要高温合金结构件开始采用整体精密铸件。例如，整铸导向器、整铸涡轮、整铸各种机匣和泵壳等结构件。这些铸件工作条件严酷，同时对合金的成分、组织、性能和铸件的冶金质量、显微组织、外形尺寸、表面质量等提出了很高要求，许多还有高压气密性要求。针对这些要求，钢铁研究总院铸造高温合金室开展了细晶铸造高温合金、细晶铸件热等静压及压后改型热处理的研究工作，主要研究了两个铸造高温合金：添加剂法细晶 In738 合金和热控法细晶 K4169 合金。细晶铸造和普通铸造 K4169 合金性能比较见表 1-3[28]。

表 1-3 细晶铸造和普通铸造 K4169 合金性能比较

工艺规范	室温拉伸			650℃，650MPa 持久	
	σ_b/MPa	$\sigma_{0.2}$/MPa	δ/%	τ/h	δ/%
普通 K4169	900 ~ 1100	850 ~ 900	15 ~ 20	65 ~ 185	2.8 ~ 3.2
细晶 K4169	≥1250	≥1100	≥12	≥300	≥3.5

1.4.2 等轴晶铸造高温合金

虽然目前国际、国内铸造高温合金的研究热点主要集中于单晶合金，但普通等轴晶高温合金仍然是应用量最大的。而且国外应用较成熟的合金，对我国而言可能是新合金，会相应带来一些新的问题。所以对等轴晶铸造高温合金还需进行深入研究，以满足军工型号研制需求。例如，钢研总院高温所铸造高温合金室在研制 WZ8A 发动机二级导向器时（其使用温度高达 1050℃），通过成分的优化，开发研制成功某代号合金，是目前国内的航空发动机导向叶片使用温度较高的镍基高温合金。合金的塑性、冲击韧性、冷热疲劳、持久强度、抗氧化、长期组织稳定性等显著好于 C1023 合金。另外，该合金是拥有自主知识产权的镍基铸造高温合金。除了 WZ8A 发动机外，还用其制造 WJ6C 发动机一级导向叶片和 WZ9 发动机上机匣和引气导管安装座等复杂结构件，应用推广前景很好[28]。

上述等轴晶铸造高温合金的研究事例反映出，在国外应用较成熟的一些合金，由于应用在发动机的部位不同、工艺条件不同、原材料不同等诸多因素的综合影响，造成在使用时会发生种种问题，必须通过自己的深入研究，才能对合金有全面的认识和理解，做到在制造和使用中扬长避短，得心应手。必要时还可对其进行改进，在原合金基础上，研制出性能更为优异的改型或新型合金。

1.4.3 单晶高温合金

1.4.3.1 镍基单晶高温合金的发展

在普通多晶高温合金中，晶界处杂质较多，原子扩散较快，原子排列不规则，使得晶界成为在高温受力条件下较薄弱的地方。和应力轴垂直的晶界是高温合金变形时的主要裂纹源，这成为提高高温合金性能的主要障碍。因此消除和应力轴垂直的横向晶界，让晶粒沿着受力方向生长，会使高温合金的力学性能得到很大程度的提高，于是产生了定向凝固技术[29]。定向凝固技术的出现，不仅提高了高温合金的蠕变性能，而且也极大地提高了热疲劳性能，但是，发展定向结晶后，裂纹开始在留下来的纵向晶界上出现，于是设想制成单晶，消除所有晶界，使得高温合金力学性能又进一步得到提高。

单晶合金是在普通铸造和定向凝固技术的基础上发展起来的[30]，其有关研究工作可追溯到20世纪60年代末期。1968年，Gell和Leveran[31]对比研究了Mar-M200单晶和定向凝固柱状晶的组织和性能，发现某一取向的Mar-M200单晶比柱晶Mar-M200的蠕变、疲劳以及抗氧化性能优越，改进了横向强度和延性。与此同时，发现加入合金元素铪可以部分解决定向凝固组织横向性能差的问题[32]。由于制备单晶合金成功率低、成本高，致使单晶合金研究工作停了下来。1975年，J. J. Jackson等[33]在研究Mar-M200 + Hf合金时，发现定向凝固合金980℃的持久寿命与细小(≤0.5μm)γ′相的量有很大关系，而增加细小γ′相的量的关键在于提高合金的固溶温度。1976年，VerSnyder和Gell研究了去除C、B、Zr、Hf晶界强化化学元素后的Mar-M200单晶合金的组织和性能。正是参考了这两项工作，Gell等人[34]才在1980年提出并实行了新型单晶合金发展原则：去除C、B、Zr、Hf等会降低合金初熔点的元素，尽可能增加难熔元素Ta的含量，以提高固溶温度，从而研制成功了耐温能力比定向合金PWA1422高20~50℃的单晶合金PWA-1480。从此，单晶高温合金的研究获得了突破性进展。

而后英国、美国、法国、俄罗斯、日本等国均加大了研究单晶合金的力度，相继出现了性能水平与 PWA-1480 相当的单晶合金，主要有美国的 CMSX-2、CMSX-3、NASAIR100、Rene N4，英国的 SRR99、RR2060、RR200，法国的 MXON，日本的 TMS-1 和我国的 DD3，这些合金被称为第一代单晶合金。一些研究者发现，在合金中加入金属铼代替其他难熔金属，如钼或钨，能显著提高单晶合金的蠕变强度，进一步研究发现，在由 Mar-M200 演变得到的一种单晶合金中用铼代替钨，显著降低了 γ'相的粗化速率，并且获得了很大的负 γ/γ'错配度。CMSX-2 和 PWA1480 合金中加入铼，原子探针显示 γ 相基体中存在铼的原子团簇，这可能是比普通的固溶强化更有效的强化手段[35,36]。镍基单晶合金中引入 3% 的铼使承温能力提高 30℃[37]，含 3% 铼的单晶合金称为第二代单晶高温合金，其代表是 PWA1484、Rene N5 等。为了进一步提高单晶叶片的承温能力，合金中铼含量增加到6%，称为第三代单晶高温合金，以 CMSX-10、Rene N6 为代表。铼的加入对单晶以及定向合金耐温能力的提高如图 1-4 所示。

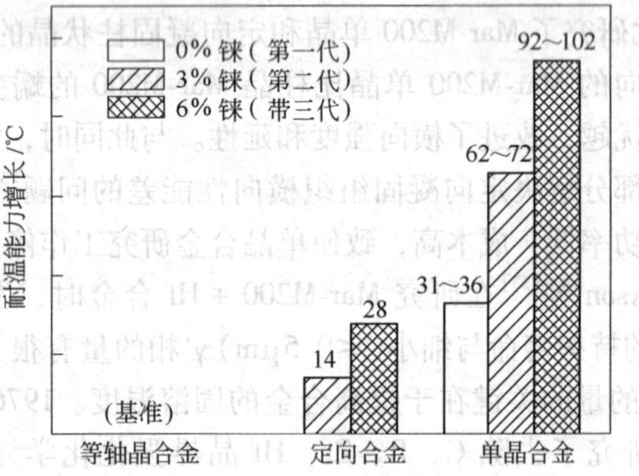

图 1-4 铼含量对单晶和定向合金耐温能力的影响

航空发动机的发展历史，可简单地描述为不断提高航空发动机推力和涡轮前进口温度的历史。发动机工作温度每提高 5℃ 可增加 1.3% 的功率和 0.4% 的热效率。20 世纪 50 年代，典型的发动机 JT3D 推力为 7450kg，涡轮前进口温度为 889℃，20 世纪 70 年代 F100 发动机推力为 11340kg，涡轮前进口温度为 1310℃，而 20 世纪

80 年代的一些有特色的发动机涡轮前进口温度已高达 1430℃[38]。采用第三代单晶合金作叶片材料的推重比为 10 的 F119 发动机[39]，其涡轮进口温度为 1677℃[40]。第一代、第二代和第三代单晶高温合金的出现，使航空发动机叶片材料的耐温能力比定向柱晶合金提高了 90℃。高性能的单晶合金与先进的气冷叶片设计、精湛的精密铸造技术和优良的防护涂层及工艺相结合，使航空发动机的涡轮进口温度得到了大幅度的提高。目前，几乎所有先进航空发动机都采用了单晶合金，见表 1-4[41]。

表 1-4 各代发动机涡轮叶片选用材料发展

项目	第二代	第三代	第四代	第五代
主要性能指标	推重比：4 ~ 6；涡轮前温度：1300 ~ 1500K	推重比：7 ~ 8；涡轮前温度：1680 ~ 1750K	推重比：9 ~ 10；涡轮前温度：1850 ~ 1980K	推重比：12 ~ 15；涡轮前温度：2100 ~ 2200K
典型发动机	斯贝 MK202 服役：20 世纪 60 年代	F100，F110 服役：20 世纪 70 年代	F119，EJ200 服役：20 世纪末	预计 2018 年
涡轮叶片	实心叶片	气膜冷却空心涡轮叶片	复合冷却空心叶片	双层壁超冷/铸冷涡轮叶片
结构材料	定向合金和高温合金	第一代单晶和定向合金	第二代单晶合金	金属间化合物第三代单晶合金

1.4.3.2 镍基单晶高温合金的成分

单晶合金成分的发展见表 1-5，具有如下特点：

（1）C、B、Hf 等晶界强化元素，从“完全去除”转为“限量使用”。这几个元素降低合金初熔温度。由于单晶合金没有晶界，而且要求宽的热处理窗口，故在最初发展的商用单晶合金（如 PWA1484、CMSX-2 等）中是“完全去除”这几个元素的。但近年来逐渐发现，这些元素对单晶合金仍会产生有益的影响。K. Harrs 在研究 CMSX-2 合金时发现，加入微量（约 0.1%）的铪可以明显地改善涂层与基体的相容性和黏结性而提高涂层寿命和抗氧化/腐蚀性能，从而发展出第一个含铪的单晶合金 CMSX-3[43]。北京航空材料研究院也发现，

表 1-5 典型单晶高温合金的成分及应用实例

名称	合金	国别	合金成分/%											密度 /g·cm⁻³	发动机中的应用实例
			Cr	Co	Mo	W	Ta	Re	Hf	Al	Ti	Ni	其他		
第一代	PWA1480	美	10	5	—	4	1	—	—	5	1.5	余量		8.70	F100-PW-200、PW2037J79D-7R4、PW1130
	ReneN4	美	9	8	2	6	4	—	—	3.7	4.2		0.5Nb	8.56	F110-129
	SRR99	英	8	5	—	10	3	—	—	5.5	2.2			5.98	RB211
	RR2000	英	10	15	3	—	—	—	—	5.5	4		IV	7.87	RB199
	AM1	法	8	6	2	6	9	—	—	5.2	1.2			8.59	M88-2
	AM3	法	8	6	2	5	4	—	—	6	2			8.25	
	CMSX-2	美	8	5	6	8	6	—	—	5.6	1			8.56	Arriel
	CMSX-3	美	8	5	6	8	6	—	0.1	5.6	1			8.56	GMA2100
	CMSX-6	美	10	5	3	—	2	—	0.1	4.8	4.7			7.98	
	SC-16	法	16	—	2.8	—	3.5	—	—	3.5	3.5				Siemens KWU
	AF-56	美	12	8	2	4	5	—	—	3.4	4.2				
	ЖC32	俄	5	9	1.1	8.5	4	4	—	6	—		0.15C 1.6Nb 0.015B	8.76	AJI-31Φ
	CNK7	俄	14.8	8.8	0.4	6.9	—	—	—	4.1	3.9		0.08C 0.01B 0.02Ce		
	DD3	中	9.5	5	3.8	5.2	—	—	—	5.9	2.1			8.20	某涡轴发动
	DD8	中	16	8.5	—	6	—	—	—	2.1	3.8			8.25	某舰载发动

续表 1-5

名称	合金	国别	合金成分/%											密度/g·cm^{-3}	发动机中的应用实例
			Cr	Co	Mo	W	Ta	Re	Hf	Al	Ti	Ni	其他		
第二代	PWA1484	美	5	10	2	6	9	3	0.1	5.6	—	余量		8.95	PW4000 系列 PW5000 系列 V2500
第二代	ReneN5	美	7	8	2	5	7	3	0.15	6.2	—	余量	0.05C 0.04B 0.01Y	—	GE900
第二代	CMSX-4	美	6.5	9	0.6	6	6.5	3	0.1	5.6	1	余量		8.7	F402-RR-408、EJ200、RB211、CT-80
第二代	SC180	美	5	10	2	5	8.5	3	0.1	5.2	1	余量			
第二代	MC2	法	8	5	2	8	6	—	—	5	1.5	余量			
第二代	ЖC36	俄	4.2	8.7	1	12	—	2	—	6	1.2	余量	1Nb,RE	—	
第三代	ReneN6	美	4.25 ~ 6	10 ~ 15	0.5 ~ 2	5 ~ 6.5	7 ~ 9.25	5 ~ 5.6	0.1 ~ 0.5	5 ~ 6.25	—	余量	0.02 ~ 0.07 0.003 ~ 0.01B	—	
第三代	CMSX-10	美	1.8 ~ 4	1.5 ~ 9	0.25 ~ 2	3.5 ~ 7.5	7 ~ 10	5 ~ 7	0.1 ~ 0.15	5 ~ 7	0.1 ~ 1.2	余量	0.02C	9.05	

加入微量铪对单晶合金的工艺性能和力学性能也有好处。同时，碳和硼也再次被引入单晶合金，但含量甚微。C. S. Wllkllsick[40]研究的 Rene N5 合金和 W. S. Walston[44]研究的 Rene N6 合金加入了0.02% ~0.07%的碳和0.003% ~0.01%的硼。据称[45,46]，加碳不仅为了净化合金液（脱氧），对合金的抗腐蚀性能也有益；加硼是为了强化单晶合金中不可避免的低角度晶界。当然，微量的铪、硼、碳的加入也会降低合金的初熔温度，但实验证明，降低幅度很小，例如，含0.1%铪的 CMSX-3 的初熔温度仅比不加铪的 CMSX-2 低2~3℃[47]。

（2）难熔元素（Ta、Re、W、Mo）的加入总量增加。以 CMSX 系列单晶合金为例，第一代为 w_t =14.6%，第二代为 w_t =16.4%。而第三代高达 w_t =20.7%。其中，钽的作用是增大 γ/γ'错配度、强化 γ'相和提高其高温稳定性[48]。另外，钽对合金的环境性能、涂层性能、铸造性能和组织稳定性都有改善作用[43,49]。Erickson[50]研究认为，钽不进入 TCP 相中，而在 γ'相中的溶入量又有限，故加入较多的钽会使其进入 γ 基体的量增多，强化效果更佳。难熔元素铼对单晶合金蠕变强度的贡献很大，含3%的铼和6%的铼几乎是第二代和第三代单晶合金的主要特征。从图1.4可以看出，铼的加入量无论对单晶合金还是对定向合金耐温能力的提高都有很大作用，据此还研制出一批性能水平与第一代单晶合金相当的第二代定向合金[51,52]。研究表明[53,54]，铼主要进入基体中，形成尺寸为1nm的短程有序的铼原子团，可有效地阻碍位错运动，降低合金元素扩散速率，阻止 γ'相粗化，并提高 γ/γ'错配度。另外，约有20%的铼进入 γ'相，从而直接强化 γ'相。还有研究表明[49]，铼的加入有助于减少单晶铸件的晶粒缺陷和表面再结晶，而且还能改善合金的环境性能[45,50]。但是，W. S. Walston[45]等人在研究第三代单晶合金 Rene N6 过程中发现，铼是进入 TCP 相的元素，对组织稳定性有不利影响。铼是扩散最慢的元素之一，如加入铼的量较多，则偏析严重，会使合金在高温形成一种 P 相和 γ 相组成的（称为 SRZ 区）针状不稳定组织。

（3）铬含量降低。在第三代单晶合金中，铬含量降至5%以下，尤其是 CMSX-10W 合金的铬含量只有3%左右[50]。铬是抗环境腐蚀元素，通常认为低于5%时，合金的抗氧化和抗腐蚀性能将恶化到不能允许的程度。但是，CMSX-10的热腐蚀试验证明[46,50]，虽然它只含2.6%的铬，但其抗腐蚀性能仍与已广泛用作燃气轮机叶片的CM247LC合金（含铬8%）和CMSX-10合金（含铬6.5%）相当，并且优于含铬9%的DS MAR-M002合金。据报道，这是由于合金中钽、铼含量较高（Ta + Re≈15%）所发挥的良好作用。铬的含量降低，可允许加入更多其他的合金化元素，且仍保持组织稳定，这无疑对提高合金性能极为有利。

(4) 稀土元素和钌的应用。在第二代、第三代单晶合金中，有许多加入Y、La、Ce等稀土元素的合金[45,55,56]。据报道，钇的加入($>200\times10^{-6}$)可以明显改善单晶合金的抗氧化性能[57]，并且对疲劳性能也大有裨益[58]。俄罗斯的ЖС36合金不含钽，只含2%的铼，但其持久强度却达到第二代单晶合金水平，原因之一即加入了稀土元素。另外值得注意的是，在发展第二、三代单晶合金中，试用了一个非常特殊的钌元素[45,56]，钌具有显著的逆向分布效应，可替代γ′相中的Al和Ti，使之向基体中转移，并可增加W、Cr、Re在γ′相中的溶入量，进而降低形成TCP相的倾向。

1.4.3.3 单晶高温合金的工艺

合金成分设计理论的发展和制备工艺的进步是推动高温合金性能不断提高的两个主要因素。相比而言，工艺是更活跃且影响更直接的因素。其中，单晶制造工艺的发展尤其体现在以下三个方面：

(1) 合金的熔炼。为保证单晶高温合金的各性能指标，尤其是提高其低周疲劳寿命和热机械疲劳寿命，必须使合金液达到足够的纯净度，充分去除O、N、H等气体和S、P、Pb、Sn、Sb、Bi、As等低熔点有害杂质以及各种非金属夹杂，同时准确控制合金的成分，获得元素分布均匀的铸锭。

为实现上述目标，人们发展了多种真空熔炼工艺，以及几种方法结合使用的复合熔炼法（参见第1.3.1节）。此外，还应用了多种辅助工艺，如一次性软质坩埚、底注法[59]、陶瓷过滤网等方法。

(2) 单晶高温合金的凝固过程及取向控制。定向凝固技术的发展经历了发热铸型法[60]、功率降低法、快速凝固法[61]及液态金属冷却法[62]，其发展方向就是不断提高凝固时固液界面前沿的温度梯度。西北工业大学研制的超高温度梯度定向凝固装置（ZMLMC），将区域熔炼和液态金属冷却相结合，使固液界面的温度梯度达到1000～1300K/cm。随温度梯度的提高，人们可以大幅度提高定向凝固的生长速度，实现定向凝固和快速凝固技术的结合，获得具有快速凝固特点的定向组织。

I. S. Microshnichenko 认为，随冷却速率的增加，凝固组织发生如图1-5所示的变化，在a～e范围内，固液界面的变化服从成分过冷理论[63]，不产生成分过冷，合金以平界面凝固。当凝固速率增大后，平界面失稳，转变为胞状和树枝界面。在f～h的范围内，固液界面重新变得稳定起来，形成高速细枝晶、胞晶甚至平面。成分过冷理论已难以描述，鉴于此，Mulins 和 Sekerka[64,65]提出了包含溶质浓度场和温度场、固液界面能以及界面动力学的绝对稳定理论，基本可以描述高速凝固时的界面特征转变规律。

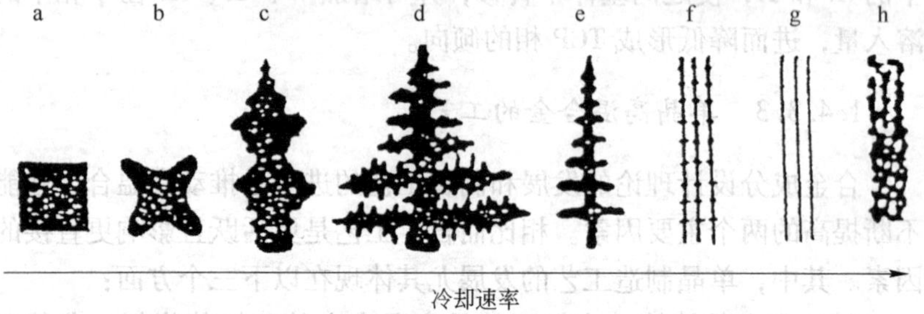

图1-5 冷却速率对凝固组织的影响

李建国等[66]用超高温度梯度装置研究了定向超细柱晶的形成条件，以Ni-(w_t=5%)Cu为实验材料，在凝固速率537～733μm/s时，凝固界面形态发生由树枝状向胞状的转变。即通过实验验证了理论预言的上胞晶。

由于设备条件的限制，发动机中实际应用单晶材料组织多为枝晶形态。其特征尺寸为一次枝晶间距和二次枝晶间距，它们与材料中的微观偏析、亚结构及第二相的形成密切相关，从而对材料的性能有决定性的影响。正是因为枝晶生长形态的重要性和普遍性，已经建立了许多描述枝晶间距与凝固参数的关系式，如 Hunt[67] 模型与 Kurz-Fisher[68] 模型中的一次枝晶间距 $\lambda_1 \propto G_L^{-0.5}$，Coulthard 和 Elliontt 的工作表明 λ_1 与 G_L、R 满足如下关系 $\lambda_1 = B(G_L \cdot R)^{-1} + C$，其中 B、C 为常数。Rohatgi 和 Adams 则得出如下规律，$\lambda_1 \propto (G_L \cdot R)^{-0.5}$。虽然这些模型都能很好地解释一些实验事实，如 Hunt 模型和 Kurz-Fisher 模型能够准确地预测胞枝转变的凝固速率，但由于凝固过程的复杂性，现有模型仍需进一步发展和完善。

制备单晶高温合金的方法主要有两种，选晶法和籽晶法。选晶法因简单易行且能获得具有低弹性模量的［001］取向而被广泛运用。在起晶器上增加一个螺旋涡状约束装置作为选晶器，在螺旋选晶器方向连续变化的作用下，最终只有一个晶粒从选晶器顶端长出，其余晶粒全部被淘汰掉，其原理如图 1-6 所示。出选晶粒可获得纵向为〈001〉的单晶，但横截面内的二次〈001〉取向是随机分布的，该二次取向对叶片的力学性能有明显影响，导致性能数据分散度较大，控制二次取向便成为无法回避的问题，北京航空材料研究院利用［001］取向择优生长的特性，设计出一种特殊的选晶器，形成双向温度场，在横向和纵向同时进行择优生长，通过简便的选晶法，达到双取向控制的目的[69,70]。但是，由于起晶器上柱晶一旦形成后，每个晶粒的三维取向就完全确定了，所有晶粒的纵向都是［001］取

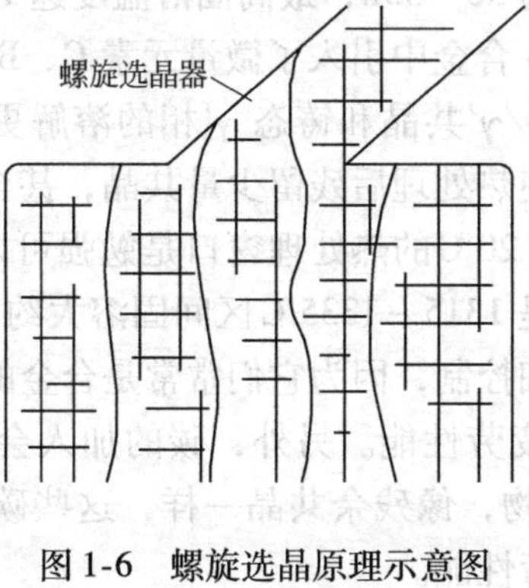

图 1-6　螺旋选晶原理示意图

向。选出任何一个晶粒，纵向都是满足要求的。横向〈001〉平行于某确定方向的却只是其中一小部分，尤其是当晶粒数目较小时，甚至没有满足横向〈001〉要求的晶粒，因此横向控制的精度不易保障。籽晶法虽然工艺较复杂且成功率较低，但能够自由地控制单晶的三维取向，因而仍具有不可替代的价值。美国的 Allison 公司、英国的 RR 公司以及俄罗斯等生产单晶叶片时，均采用籽晶法控制取向。

（3）镍基单晶高温合金的热处理。铸态单晶合金中有粗大、不均匀的 γ′相和 γ/γ′共晶，使合金的性能无法充分发挥，因此，单晶合金通常都采用固溶热处理改善组织，提高其力学性能。

第一代单晶合金相对于等轴晶和柱状晶的一大优点，就在于可以通过一个简单的固溶热处理得到均匀分布的微观组织。固溶热处理能消除铸态单晶合金的 γ′相和 γ/γ′共晶，并使合金元素分布均匀化。固溶处理时，合金一般加热到 γ′相全溶温度以上，使铸态 γ′相溶解，但又要限制在合金初熔温度以下，以防止合金熔化，熔化会导致凝固偏析，形成 γ/γ′共晶和产生收缩疏松。γ′相全溶温度和合金初溶温度都与合金成分有关，进行固溶处理的难易程度取决初熔温度和 γ′相全溶温度的差值。第二、第三代单晶中加入了很高含量的合金元素，实验证明，对于这些合金不能像第一代单晶合金那样只用一步固溶就完全消除 γ/γ′共晶，有必要采取多步固溶。首先在较低固溶温度下保温，使合金均匀化，以便提高初熔温度，然后采取更高的固溶温度消除大部分或全部的共晶组织。Erickson 等人[71]对 MSX-10 采取多步固溶，时间长达 30～35h，最高固溶温度达 1366℃。

由于在 Rene N6 合金中引入了微量元素 C、B 和 Y 等，降低了合金的初熔温度，使 γ/γ′共晶和铸态 γ′相的溶解更加困难，合金最后选择的固溶条件是使热处理后残留少量共晶，甚至允许少量初溶。在这种妥协的条件下，20℃的热处理窗口是勉强可以的。Rene N6 合金的最佳热处理条件是 1315～1335℃区间固溶大约 6h[72]，对剩余共晶的数量和形状应仔细控制，因为它们常常是合金的断裂源，从而会影响合金的塑韧性和疲劳性能。另外，碳的加入会在枝晶间形成块状（Ti，Ta）C 的碳化物，像残余共晶一样，这些碳化物可能会有损于合金的塑韧性和疲劳性能。

凝固过程中 Re 和 W 强烈偏聚于枝晶干，所以长时间的固溶处理能促进元素的均匀分布，增加枝晶干相的稳定性。这在 CMSX-10 和 Rene N6 合金中得到了证实[73]，但考虑到成本因素，固溶时间不能盲目延长。法国宇航局提出一个十分有意义的想法，认为对固溶处理传统的说法是单晶合晶不仅应通过固溶处理溶掉全部的 γ/γ′共晶，而且应尽可能获得完全均匀的组织，但有研究结果表明，工业条件下生产的 CMSX-2 单晶在 1315℃保温时间超过 4h 没有提高持久强度。完全没有偏析的单晶合金甚至还降低了中温强度。基于一定程度的偏析对高温蠕变强度有利的结果，法国宇航局对单晶合金的固溶热处理只着眼于溶解 γ/γ′共晶，而不过多考虑成分和组织的均匀化，对低温度梯度和高温度梯度单晶，固溶时间分别选 3h 和 0.5h，固溶处理后合金无 γ/γ′共晶，但枝晶偏析可见[39]。

为了进一步发挥单晶的性能潜力，单晶合金经固溶处理后，通常要进行两次时效处理。P. Caron 和 T. Khan[73] 对 CMSX-2 所做的工作表明，选择适当的时效处理条件，使合金 γ′相最终为规整排列的立方形，其尺寸约为 0.45μm，合金能获得最佳的蠕变性能。于是，人们开始对不同的单晶合金进行适当的时效处理，以便得到最佳尺寸的 γ′相。在此基础上，Harris 等人[74] 证明平均尺寸为 0.45μm 的 γ′相使 CMSX-4 的蠕变强度最佳。

CMSX-10 合金的标准热处理中包括了多步时效[71]，第一步是 1152℃固溶 6h，使 γ′相长大到大约 0.5μm，第二步是 871℃固溶 24h，第三步是 760℃固溶 30h，低温时效。在 γ 基体通道中析出了尺寸在 50nm 左右的细小 γ′相，这些细小的 γ′相被认为在中温下阻止位错的运动，对 CMSX-10 的中温力学性能有利。但对于在高温下工作的叶片，由于细小 γ′相已溶入基体，对性能没影响。表 1-6 所示为典型镍基单晶高温合金的热处理制度。

表 1-6 典型镍基单晶高温合金的热处理制度

合金型号	热 处 理 制 度
454	1288℃/4h，AC + 1079℃/4h，AC + 871℃/32h，AC
NASAIR100	1288℃/4h，AC + 1079℃/4h，AC + 871℃/32h，AC

续表 1-6

合金型号	热处理制度
CMSX-2	(1) 1316℃/h + 1050℃/16h, AC + 850℃/48h, AC; (2) 1316℃/3h, AC + 982℃/4h, AC + 871℃/32h, AC
CMSX-3	1293℃/2h, AC + 1298℃/3h, AC + 1080℃/4h, AC + 871℃/20h, AC
CMSX-4	1288℃/2h, AC + 1293℃/3h, AC + 1080℃/4h, AC + 871℃/20h, AC
CMSX-4G	1290℃/2h, AC + 1305℃/3h, AC + 1140℃/4h, AC + 870℃/20h, AC
CMSX-6	1240℃/3h, AC + 1270℃/3h, AC + 1277℃/3h, AC + 1080℃/4h, AC + 870℃/20h, AC
CMSX-10	(1) 1350℃ + 1080℃/19.5h, AC + 871℃/20h, AC + 760℃/24h, AC; (2) 1366℃/4h, AC + 1152℃/4h, AC + 870℃/32h, AC
PWA1480	1288℃/4h, AC + 1080℃/4h, AC + 871℃/32h, AC
PWA1484	1316℃/4h, AC + 1080℃/4h, AC + 704℃/32h, AC
AM3	1300℃/3h, AC + 1100℃/5h, AC + 870℃/16h, AC
MXON	1310℃/1h, AC + 1100℃/4h, AC + 850℃/24h, AC
TMS-26	1320℃/2h, AC + 1335℃/4h, AC + 871℃/20h, AC
DD8	1100℃/8h; AC + 1240℃/4h, AC + 1090℃/3h, AC + 870℃/24h, AC
SC180	1324℃/3h, AC + 1080℃/4h, AC + 870℃/24h, AC
N5	1310℃/2h, AC + 1121℃/4h, AC + 900℃/24h, AC

Walston 等人对于 Rene′N6 合金时效条件没有做特别要求[67]，只表明固溶处理后 γ′相尺寸要达到 0.45μm。他们没有刻意追求 γ′相的尺寸，只是考虑不同的一级时效处理对蠕变性能的影响，结果表明，只要温度在 1121 ~ 1204℃范围内，时间为 2 ~ 4h，一级时效对于 Rene′N6 合金的持久寿命没有影响。

Nathal 的工作表明，单晶合金蠕变强度对 γ′相尺寸的敏感度与合金的 γ/γ′错配度有关，不同错配度的合金，最佳 γ′相尺寸也不同。另外，法国宇航局和日本的石川岛播重工业公司合作研究指出，γ′相最佳尺寸还与单晶的取向有关，0.5μm 的 γ′相使［001］取向的中温蠕变强度最高，而［111］取向的持久强度最高的 γ′相尺寸为 0.2μm，γ′相尺寸为 0.3μm 时，［001］和［111］方向蠕变强度趋于一致[75]。

1.4.3.4 单晶高温合金的强化机理与拉伸持久性能

A 镍基单晶高温合金的强化机理

单晶镍基合金的组织是由合金化的γ基体和与其共格的高体积分数的γ′强化相组成，合金的强化方式主要是固溶强化和第二相强化。

(1) 固溶强化。镍基单晶高温合金的固溶强化是利用在镍中大量溶解合金元素而获得显著的强化效果，主要合金元素有Co、Cr、W、Mo、Nb等。其主要作用有以下几个方面[76]：

1）提高基体的再结晶温度，减少基体中元素的扩散及基体与强化相之间的扩散。

2）产生能够支持较高温度的原子集团，降低堆垛层错能，使大量溶质原子有可能在分解位错中聚集，形成溶质原子气氛并对位错起钉扎作用，使位错难以在晶体点阵中运动，减少位错的活动性。

3）通过加入多种元素使合金复杂化，充分发挥元素的强化效应，增强基体在应力条件下热稳定性及其对位错的阻碍作用。

Cottrell指出：固溶体中合金元素对蠕变抗力的贡献可能由于降低了堆垛层错能，使位错易于分解成为扩展位错，因而使攀移与交叉滑移难以进行。Mader利用X射线研究发现：钴使镍钴合金的层错能降低，并提高蠕变强度。显然，如果大量的溶质原子在分解位错或位错割阶中沉积，将有利于阻止位错的攀移，有效地延缓回复过程，从而提高合金的蠕变性能。

通常塑性变形借助于位错的滑移和交滑移进行[77,78]，当位错进行交滑移时，通过束集转移到新、旧滑移面的交线后，形成扩展位错，由于溶质原子分布在滑移面上，会提高层错能，使位错不易扩展，进而提高了材料的屈服强度。

(2) 第二相强化。γ′-(Ni_3Al)相为Ll_2结构的有序金属间化合物，是镍基单晶合金中的重要强化相。γ′相与γ基体保持共格关系[76]，其强化作用取决于γ′相的数量、尺寸和本身固溶强化程度等；γ′、γ两相晶体结构相同，具有共面滑移特征，但γ′相为有序结构，镍原子和铝原子沿［110］和［112］方向排列原子结合力较强，当位错线在γ′相的（111）滑移面沿［110］方向运动时，位错扫过之处，滑移面两侧的近邻原子发生错排，失去了有序结构相邻原子的结合键，而在滑移面留下一反相畴界，同时伴随能量的提高。因此，位错切过γ′相时，需要较高的外力，产生了显著的第二相强化。

固溶强化与γ′相沉淀强化相比，固溶强化对强度的贡献是次要的。因此，通常认为镍基高温合金塑性变形中对位错起阻碍作用的是γ′沉淀相，这是镍基高温合金具有优异高温强度最根本的原因。

B 单晶高温合金的拉伸性能特点

γ′相（或Ni_3Al）本身具有许多独特的力学性能，人们在进行了大量实验研究后，发现如下重要特性：

(1) γ′相的强度存在反常温度效应，在某一温度范围内，屈服应力随温度升高而增加。而高温合金的屈服应力则在一定的温度下保持不变，在此峰值温度以上则急剧下降。

(2) 在峰值温度以下，应变速率敏感性非常低，屈服应力几乎不随应变速率而变。在峰值温度以上，应变速率敏感性剧烈增加[79]。

(3) 具有拉压不对称性和不遵守Schmid定律的现象，并且此现象强烈依赖于晶体取向[80]。

在大量观察位错特征和计算机模拟位错芯结构的基础上，人们提出许多模型解释γ′相和高温合金的各种力学特性，如交滑移(K-W)模型、交滑移钉扎（CSP）模型[81]、位错交互作用（TDJ）模型、锁住脱锁（CCLC）模型、修正的CSP模型[82]等。尤其是Kear和Wilsdorf指出，由于（111）面的反相畴界能高于（001）面，导致了八面体转向六面体的交滑移，从而形成了不可动的位错锁。CSP模型在此基础上，设想位错的某一段从（111）面交滑移到（001）面上形成钉扎点，越易于形成钉扎点时，则对运动位错的阻碍作用越大。

单晶高温合金的力学性能与γ′相密切相关，与其具有许多相似之处。Ebrahimi[83]等人利用此模型成功地解释了［236］取向PWA1472单晶合金中分切应力低的滑移系优先启动的现象。K-W模型虽能解释反常温度效应等许多力学特性，但却难以解释拉压不对称性，Lall等人根据位错芯宽度效应很好地说明了高温合金屈服强度的拉压不对称性，Yalnaguchi等人则对Ni_3Al｛111｝面滑移的拉压不对称性给出了合理的解释。

但由于具有完全共格的两相结构，也存在明显差异。研究结果表明，单晶高温合金根据拉伸变形行为和微观特征不同均可分为三个温度区间。低温时，屈服强度保持为常数且不随应变速率而变，高温时，屈服强度随温度线性降低，并且在温度不变时，随应变速率减小而降低。中温范围则为过渡区间。转变温度与应变速率有关，如在PWA1480合金中，在低应变速率时，强度从760℃开始下降，在高应变速率时，直到815℃才开始降低。相应地，在低温范围内，位错切割γ′相占主导地位，高温时，变形由位错在γ′相间绕越过程控制，中温范围则表现为由切割向绕越转变的特征。

C 单晶高温合金的持久行为

离心力导致的蠕变损伤是单晶合金叶片的主要失效机制，因此持久强度是单晶合金的重要性能指标，人们已对蠕变变形和断裂行为及微观机制进行了深入研究。蠕变行为的重要特点是具有拉压不对称性和各向异性，Kakehi[84]发现镍基单晶高温合金在蠕变载荷下仍表现出拉压不对称性，但与屈服强度的不对称性具有不同的原因，被归结为是否产生孪晶。［001］和［011］取向均可产生孪晶，因而持久强度具有拉压不对称性，而［111］方向的蠕变只与位错运动有关，所以无此特征。

单晶高温合金的蠕变性能与晶体取向密切相关，具有各向异性。样品晶体取向与准确取向存在较小偏离度时，即会给性能带来显著影响。当偏差大于一定值时，甚至会使单晶的性能优势丧失。因此就蠕变性能与晶体取向关系已进行了大量的研究。彭志方[85]和Sass[86]均认为蠕变强度与参加变形的基体通道数目有关，［001］、［011］和［111］取向中参加变形的基体通道数分别为1、2、3个，因此，蠕变速率依次增大，尤其是［111］取向中，螺型位错沿｛100｝面滑移时几乎不受任何阻碍。但也有作者[87]认为立方滑移的迹线仅是多次八面体交滑移造成的，Mackay 等人的研究表明，MAR-M247 和 MARM200 单晶合金在760℃时的持久寿命按[111]，[001]和[011]次序降低，Matan[88]和 Sass[89]的结果显示，在中温范围内，单晶合金的蠕变性能，尤其瞬态蠕变量和蠕变速率对偏离［001］的角度差非常敏感，而在高温时则显著减小，但是大多关于单晶高温合金各向异性的研究中，注意力主要集中在晶体学方面，很少同组织因素尤其是凝固过程中形成的枝晶结构结合起来。

单晶高温合金蠕变过程中，由于温度和应力的共同作用，微观组织方面产生许多独特的变化，如界面位错网的形成[90]，界面附近合金元素浓度的变化，但最为引人注目的特征是形成所谓的筏状组织，即γ′相沿某个方向发生走向粗化，Tien 和 Copley 首先详细研究了［001］取向镍基单晶合金中的γ′形筏现象，同样的现象相继在其他文献中被确认[91,92]。Fredholm[93]等人根据筏状γ′相的不同特征将其分为两种类型：一种为N型，筏状γ′相垂直于外加应力方向；另一种为P型，筏状γ′相平行于外加应力方向。它们分别在不同的合金结构和应力条件下形成，负错配度的合金受拉应力或正错配度合金受压应力条件下形成N型筏，负错配度合金受压应力或正错配度的合金受拉应力时形成P型，筏状γ′相一些与此规律相矛盾的实验结果[94]被认为是缺少高温下错配度的信息，因为γ相和γ′相的热膨胀系数不同，某些合金室温和高温时的错配度可能具有不同的符号。由于合金和实验条件的不同，也有关于γ′形筏新类型的报道，彭志方观察到γ′相在蠕变过程中形成垂直于应力轴的层片状结构，田素贵[95]观察到γ′相垂直于应力轴的筛网状结构。总之，γ′形筏方式具有多样性，可能表现出不同方式和规律。

许多研究者认为，γ′形筏起源于应力导致的合金元素的定向扩散，应力梯度是由γ/γ′错配应力和外加应力叠加产生的。应力的影响甚至超过浓度梯度的作用，在应力梯度的作用下，γ′相形成元素 Al、Ti、Ta 等和γ相形成元素 Cr、Mo 等沿相反的方向扩散，导致γ′相沿特定方向增长，然后不同的γ′相互相连接，便形成了完善的筏形。因此，γ′形筏过程动力学呈现非线性特征[96]，可分为三个阶段：第一阶段受合金元素的定向扩散控制，定向伸长较小；第二阶段由γ′互相连接实现，γ′相长宽比迅速增大；第三阶段γ′相定向伸长的速度迅速降低，这是由于元素定向扩散的驱动力减小，扩散距离增大所致。并且筏状γ′相排列不整齐阻碍了进一步连接。其动力学曲线如图1-7所示，圆圈和三角分别为透射电镜和X光测定结果。

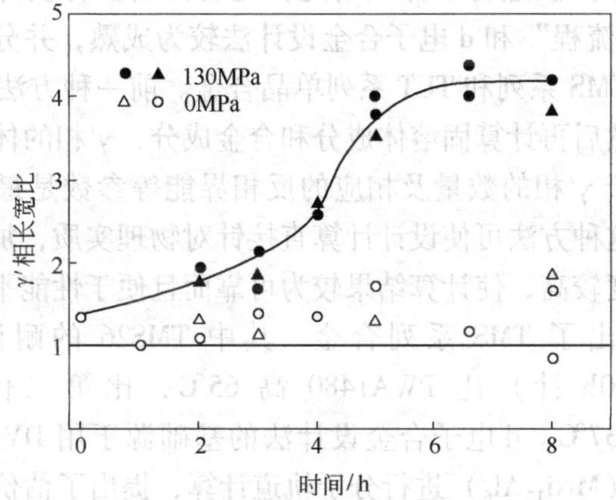

图1-7 γ′形筏的动力学规律

γ′相作为镍基单晶高温合金的强化相，其形筏过程不仅产生形貌演变，还会导致界面位错的形成，以及带来界面附近合金元素浓度的变化，因此会对合金的力学性能产生重要影响。人们已对此进行了大量研究，但不同研究者的结果不尽相同。Mughrabi[97]等研究者认为，N型筏状结构降低材料的高温疲劳性能，而P型筏改善了材料的疲劳性能。Tetzlaff[98]等人的结果表明预压缩能提高蠕变强度但无助于延长持久寿命。Nathll等人的研究结果表明，具有γ′相筏状结构的试样蠕变速率比立方形γ′相试样高两倍，蠕变强度降低。Pearson[99]等人认为，γ′形筏后改变了γ相与γ′相的连接方式，使γ基体由包围着而变为镶嵌在γ′相中，使材料失去变形能力而易于断裂。Schneider[100]等发现，形筏损害了CMSX-4合金在800℃和

950℃时的蠕变性能。有关 γ′形筏对材料性能的影响仍需进一步研究。

1.4.3.5 合金设计理论

单晶合金由于成分上的特点，使其显微组织基本上成为由 γ + γ′两相组成，这为合金成分设计带来方便[42]。日本金属技术研究所对单晶合金设计方法进行了深入研究，先后提出多种设计方法，其中“新成分设计流程”和 d 电子合金设计法较为成熟，并分别研制成功性能较高的 TMS 系列和 TUT 系列单晶合金。前一种方法是先设计 γ′相的成分，然后再计算固溶体成分和合金成分，γ′相的体积分数可任意选取，由于 γ′相的数量及相应的反相界能等参数是最主要的强化因素，所以这种方法可使设计计算直接针对物理实质，加之其各种回归方程精确度较高，使计算结果较为可靠而且便于性能平衡。采用这种方法研制出了 TMS 系列合金，其中 TMS26 的耐温能力（按 137MPa、1000h 计）比 PWA1480 高 65℃，比第二代单晶合金 PWA1484 高 37℃。d 电子合金设计法的基础源于用 DV-X 法对面心立方原子团（$MNi_{12}Al_6$）进行分子轨道计算，提出了估价所加入合金化元素的作用和性质的两个参数：一个是反映合金元素对共价键贡献的原子间结合次数 B_o，另一个是反映合金元素电负性和原子半径综合效应的分子轨道 d 能级 M_d，按照每个元素的 B_o 和 M_d 值，计算设定成分的平均 B_{ot} 和平均 M_{dt}，再分别计算合金的凝固温度范围，热处理窗口，γ′相体积分数，γ′相和 γ 相的成分以及 TCP 相析出倾向等参数，最后确定综合性能最高而相稳定性好的合金，此方法理论性强、精确度高、周期短、成本低。N. Yukawa 等人采用这种方法设计出了性能水平相当于 PWA1484 的 TUT92 和 TUT95 单晶合金。中国科学院金属研究所与日本丰桥技术科学大学在合作研究中成功地应用了 d 电子合金设计法，研制出了持久强度水平很高的抗腐蚀镍基单晶合金。d 电子合金设计法不但可以用来设计新合金，而且可以用来对现有单晶合金进行分析、评价和改进。日本丰桥大学曾报道，按 d 电子参数来定量地预测各种合金元素在 γ 和 γ′相中的分配，其计算结果与试验值相当吻合。

参考文献

[1] Sims C T, Hagel W C. The superalloys [M]. New York: John Wiley & Sons, 1972: 1 ~7.

[2] 冶军. 美国镍基高温合金[M]. 北京：科学出版社，1978：1 ~9.

[3] 黄乾尧，李汉康. 高温合金[M]. 北京：冶金工业出版社，2000：6 ~9.

[4] Mclean M. Directionally solidified materials for high temperature service[M]. London: TMS, 1983: 9 ~10.

[5] 仲增墉，师昌绪. 中国高温合金四十年发展历程[M]. 北京：中国科学技术出版社，1996：3 ~5.

[6] 黄乾尧，李汉康. 高温合金[M]. 北京：冶金工业出版社，2000：47 ~48.

[7] Ross E W, Sims C T. In: Sims C T, et al. Eds SuperalloysⅡ[M]. New York: John Willy & Sons Inc, 1987: 65 ~67.

[8] 陈荣章，佘力，张宏炜，等. 铸造高温合金发展的回顾与展望[J]. 航空材料学报，2000，20：55 ~57.

[9] 赵杰，朱世杰，李晓刚，等. 高温合金[M]. 大连：大连理工大学出版社，1992：2 ~10.

[10] 罗思. 真空技术[M]. 北京：机械工业出版社，1989：2 ~11.

[11] 曲喜新. 电子元件材料手册[M]. 北京：电子工业出版社，1989：2 ~13.

[12] 德姆鲍夫斯基. 等离子冶金[M]. 林彬，译. 北京：冶金工业出版社，1987：3 ~15.

[13] Winkler O, Bakish R. 真空冶金学[M]. 康显澄，译. 上海：上海科学技术出版社，1982：5 ~17.

[14] 陈恩谱，苏肇乾，傅杰，等. Ni 基高温合金真空感应熔炼过程中 Mg 挥发动力学[J]. 金属学报，1984，20(1):1 ~7.

[15] 出川通，音谷登平. 用 CaO 耐火材料精炼镍基超合金[J]. 铁と钢，1987，14：1691 ~1697.

[16] 孙长杰，邢纪萍. CaO 坩埚在高纯净化合金研究中的应用[J]. 金属学报，1998，34(7):731 ~734.

[17] 汤浅悟郎，迟田雅宜，片桐英雄. 超纯熔化材料生产工艺[J]. 电气制钢，1983，54(1):3 ~19.

[18] 吴仲棠，代修彦，桂中楼，等. DD3 单晶合金的真空感应熔炼[J]. 材料工程，1995(6):35 ~37.

[19] 牛建平. 镍基高温合金真空感应熔炼研究[D]. 沈阳：中科院金属研究所，2002.

[20] 黄乾尧，李汉康. 高温合金[M]. 北京：冶金工业出版社，2000：34 ~35.

[21] 沙林 PE. 航空航天用高温合金发展途径[J]. 航空材料学报，1995，13：1 ~7.

[22] 郝应其. 苏联铸造高温合金及其精铸工艺的发展[J]. 航空制造工程，1991(6)：7 ~9.

[23] 陈荣章．航空铸造涡轮叶片合金和工艺发展的回顾与展望[J]．航空制造技术，2002(2)：19～23.

[24] Chang D A，Nasser-Rafi R，Robertson S L. Mechanical properties of controlled grain structure alloy 718 [J]. The Minerals Metals & Materials Society. 1991(11)：271～286.

[25] Egapinski G，Devine T J. Mechanical properties and microstructure of fine grain，centrifugally cast alloy 718 [J]. The Minerals Metals & Materials Society，1989(5)：33～540.

[26] Cheng D A，et al. Superalloy 718 625 706 and various verivatives[C]. ed. Loria E A. TMS，1991：271～286.

[27] Buose G K，et al. Superalloy 718 625 706 and various derivatives[C]. Ed. Loda E A. TMS，1997：459～468.

[28] 燕平．铸造高温合金研究进展[C]．北京：钢铁研究总院，2002：43～51.

[29] Francis I. Versnyder，Shank M E. The development of columnar grain and single crystal high temperature materials through directional solidification[J]. Material Science and Engineering，1970，6(4)：213～247.

[30] Sims C T，et al. Superalloy Ⅱ-high temperature materials for aerospace and indust-rial power [M]. New York：John Wiley & Sons Inc.，1987：13～15.

[31] 胡汉起．金属凝固原理[M]．北京：冶金工业出版社，1991：160～161.

[32] Gell M，Leverant G R. The characteristics of stage I fatigue fracture in a highstrength nickel alloy [J]. Acta Metall.，1968，16(4)：553～554.

[33] Jackson J J，Donachle M J，Hellricks R J，et al. The effect of volume percent of fine γ′ on creep in DS Mar-M200 + Hf[J]. Metall. Trans，1977，A，8(10)：1615～1620.

[34] Gell M，Duhl D N，Giamei A F. The development of single crystal superalloy turbine blade [Z]. Proc. of 4th Int. Symp. on Superalloys Seven Springs，PA. 1980：205～251.

[35] Giamei A F，Anton D L. Re addition to a Ni-base superalloy：Effect on microstru-cture[J]. Metal. Trans. 1985，11(16A)：1997～1999.

[36] Blavatte D，Caron P，Khan T. An atom probe investigation of the role of rhenium additions in improving creep resistance of Ni-base superalloys[J]. Scripta Metallurgica，1986，20：1395～1400.

[37] Blavatte D，Caron P，Khan T. Superalloys 1988[C]. Pennsylvania：TMS，1988：305～306.

[38] Erickson G L. Proc. of Second Pacific Rim International Conference on Advanced Materials and Processing(PRCIM-2)[Z]. Kyongju，Korea：1995.

[39] 胡壮麒．单晶镍基高温合金的发展[D]．沈阳：中科院金属研究所，1996：3～4.

[40] 孔祥鑫．第四代战斗机及其动力装置[J]．航空科学技术，1994(5)：21～22.

[41] 董志国．航空发动机涡轮叶片材料的应用与发展[J]．钢铁研究学报，2011，23(增刊2)：455～457.

[42] 陈荣章．单晶高温合金发展现状[J]．材料工程，1995(8)：3～4.

[43] Harris K，Erickson G L，Schwer R E. Metals Handbook[M]. 10th edition，eds. Davis J R，

et al. ASM Int. 1991：995～996.

［44］ 陈荣章．单晶高温合金发展现状［J］．材料工程，1995，8：3～12.

［45］ Walston W S，et al. Nickel-base superalloy and article with high temperature stregth and improved stability［P］. U. S. Patent：5270123，12，1993.

［46］ Erickson G L. Double-surface heat-sensitive record materal［P］. U. S. Patent：5366952，11，1994.

［47］ Hsttid K. Single crystal（single grain）alloy［P］. U. S. Patent：4582548，4，1986.

［48］ Gell M，Duhl D N，Giamei A F. In：Superalloys 1980［C］. TMS，OH，1980：205～206.

［49］ Thomas M C，et al. Allion Spring，property and turbine engineering performance of CMSX-4 airfoils［C］. Proc. Int. Conf. On Materials for Advanced Power Engineering，Part Ⅱ. Eds，D. Coutsouradis，et al. 1994：1075～1076.

［50］ Erickson G L. The development of CMSX-10，a third generation SX casting superalloy［C］. The Second Pacific Rim International Conference on Advanced Materials and Processing（PRICM-2）. Kyongju，Korea. 1995.

［51］ Harris K，et al. In：Superalloys 1992［C］. eds. Antolovich，et al.，TMS 1992：297～298.

［52］ Ownet H. Single crystal casting［J］. Aircraft Engineering，1991（6）：20～21.

［53］ Giamei A F，Anton D L. Re addition to a Ni-base superalloy：effect on microstructure［J］. Metal. Trans，1985，A16（11）：1997～1998.

［54］ Blavette D，Caron P，Khan T. An atom probe study of some fine scale microstructure feature in Ni-base SC superalloy［C］. In：Superalloy 1988. Reichman，et al. Eds TMS 1988：305～306.

［55］ Naik S D，Nangia U K. High strength nickel base single crystal alloys having enhanced solid solution strength and methods for making same［P］. U. S. Patent：5077141，12，1991.

［56］ Auslin C M，et al. U. S. Nickel-based singl crysftal superalloy and method of making［P］. Patent：5151249，9，1992.

［57］ Aimone R，Mcormick R L. Superalloys 1992［C］. Pennsylvania：TMS，1992：817～818.

［58］ Marchionni M，Goldschmidt D，Maldini M. Superalloys 1992［C］. Pennsylvania：TMS，1992：775～776.

［59］ Higginbothsm G J S，Marjoram J R，Horrocks F J. UK Patent：GB2112309A，1981.

［60］ Comey D H. Cost benefit analysis of advanced materials technologies for small aircraft turbine engines［R］. NASA Report CR-135265，1977.

［61］ Noble B，Mclauchlin I R，Thompson G. Solute atom clustering processes in aluminium-copper-lithium alloys［J］. Acta Metall.，1970，18（3）：339～345.

［62］ Quested P N，Nothwood J E. UK Patent：7943193，1980.

［63］ Tiller W A，Jackson K A，Rutter J W，et al. The redistribution of solute atoms during the solidification of metals［J］. Acta. Metall.，1953，1（4）：428～437.

[64] Sekerka R F. Application of the time-dependent theory of interface stability to an isothermal phase transformation[J]. Journal of Physics and Chemistry of Solids, 1967, 28(6): 983~994.

[65] Sekerka R F. Morphological stability[J]. Journal of Crystal Growth, 1968, 3: 71~81.

[66] 李建国，储双杰，刘忠元，等．定向凝固超细柱晶组织及其形成条件[J]. 材料工程, 1991 (1): 42~46.

[67] Hunt J D. Solidification and casting of metals[J]. The Metals Society, 1979(3):192~193.

[68] Kurz W, Fisher D J. Dendrite growth at the limit of stability: tip radius and spacing[J]. Acta Metall., 1981, 29(1):11~20.

[69] Tang D Z, Zhong Z G, Dai X Y. Proc. CICFE94, Foundry Engineering[Z]. 1994: 295~297.

[70] 钟振纲，唐定中，代修彦．第八届全国高温合金会议论文[J]. 金属学报，1995(增刊): 282~283.

[71] Erickson G L. The development and application of CMSX-10[C]. In Superalloys 1996, Eds. Kissinger P D, et al. Pennsylvania: TMS, 1996: 35~44.

[72] 郭喜平，史正兴，傅恒志．改进单晶高温合金性能的途径[J]. 航空学报，1994(7): 853~858.

[73] Caron P, Khan T. Improvement of creep strength in a nickel-base single-crystal superalloy by heat treatment[J]. Mater. Sci. And Eng., 1983, 61(2):173~184.

[74] Harris K, et al. In Superalloys 1992[C]. S. D. Antolovich, et al. USA: Editors, MMMS, 1992: 297~298.

[75] Khan T, Caron P, Nakagawa Y G, et al. In Superalloys 1988[C]. Pennsylvania: TMS. 1988: 215~217.

[76] 王开国，李嘉荣，等．单晶高温合金蠕变行为研究现状[J]. 材料工程，2004(1): 3~7.

[77] Lin T L, Wen M. Dislocation structure due to high temperature deformation in γ′ phase of a nickel-base superalloy[J]. Acta Metall., 1989, 37(11):3099~3105.

[78] Feller-Kniepmeier M, Link T, Poschmann I. Temperature dependence of deformation mechanisms in a single crystal nickel-base alloy with high volume fraction of γ′ phase[J]. Acta Mater., 1996, 44(6):2397~2407.

[79] Takeuchi S, Kuramoto E. Temperature and orientation dependence of the yield stress in Ni {in3} Ga single crystals[J]. Acta Metall., 1973, 21(4):415~418.

[80] Kim M S, Harada S, Watanabe S, et al. Orientation dependence of deformation and fracture behavior in Ni3(Al,Ti) single crystals at 973 K[J]. Acta Metall., 1988, 36(11):2967~2978.

[81] Takeuchi S, Kuramoto E. Temperature and orientation dependence of the yield stress in Ni {in3} Ga single crystals[J]. Acta Metall., 1973, 21(4):420~425.

[82] Diana F, Savino E J. Computer simulation of dislocation core structure in Ni_3Al using local volume dependent potentials[J]. Scripta Metallurgica, 1988, 22(4):557 ~ 559.

[83] Ebrahimi F, Yanevich J, Deluca D P. Deformation and fracture of the PWA 1472 superalloy single crystal[J]. Acta Mater., 2000, 48(2):469 ~ 479.

[84] Kakehi K. Tension/compression asymmetry in creep behavior of a Ni-based superalloy[J]. Scripta Materialia, 1999, 41(5):461 ~ 462.

[85] 彭志方，严演辉. 镍基单晶高温合金 CMSX-4 相形态演变及蠕变各向异性[J]. 金属学报，1997，33(11):1147 ~ 1154.

[86] Sass V, Glatzel U, Feller-Kniepmeier M. Anisotropic creep properties of the nickel-base superalloy CMSX-4[J]. Acta Mater., 1996, 44(5):1967 ~ 1977.

[87] Bettge D, Osterle W. "Cube slip" in near-[111] oriented specimens of a single-crystal nickel-base superalloy[J]. Scripta Materialia, 1999, 40(4):389 ~ 395.

[88] Matan N, Cox D C, Carter P, et al. Creep of CMSX-4 superalloy single crystals: effects of misorientation and temperature[J]. Acta Mater., 1999, 47(5):1549 ~ 1563.

[89] Sass V, Schneider W, Mughrabi H. On the orientation dependence of the intermediate-temperature creep behaviour of a monocrystalline nickel-base superalloy[J]. Scripta Metallurgica et Materialia, 1994, 31(7):885 ~ 890.

[90] Gabb T P, Draper S L, Hull D R, et al. The role of interfacial dislocation networks in high temperature creep of superalloys[J]. Materials Science and Engineering: A, 1989: 118 (10):59 ~ 69.

[91] Khan T, Caron P, Duret C. Superalloys 1984[C]. AIME, Warrendale, Pennsylvania: TMS, 1984: 145 ~ 147.

[92] Copley J G, Fine M E, Weertman J R. Effect of lattice disregistry variation on the late stage phase transformation behavior of precipitates in Ni-Al-Mo alloys[J]. Acta Metall., 1989, 37: 1251 ~ 1263.

[93] Fredholm A, Strudel J L. Superalloys 1984[C]. AIME, Warrendale, Pennsylvania: TMS, 1984: 211 ~ 215.

[94] Carry C, Strudel J L. Apparent and effective creep parameters in single crystals of a nickel base superalloy—II. Secondary creep[J]. Acta Metall., 1978, 26 (5): 859 ~ 870.

[95] 田素贵. 单晶镍基合金组织演化与蠕变行为及微观特征的研究[D]. 沈阳：东北大学，1998.

[96] Paris O, Fahrmann M, Fahrmann E, et al. Early stages of precipitate rafting in a single crystal Ni-Al-Mo model alloy investigated by small-angle X-ray scattering and TEM[J]. Acta Mater., 1997, 45(3):1085 ~ 1086.

[97] Mughrabi H, Ott M, Tetzlaff U. New microstructural concepts to optimize the high-temperature strength of γ′-hardened monocrystalline nickel-based superalloys[J]. Materials Science and Engineering, A, 1997, 234(8):434 ~ 435.

[98] Tetzlaff U, Mughlabi H. Superalloys 2000[C]. Pennsylvania: TMS, 2000: 237 ~ 238.

[99] Pearson D D, Lemkey F D, Kear B H. Superalloys 1980[C]. Pennsylvania: TMS, 1980: 513 ~ 514.

[100] Schneider W, Hammer J, Mughrabi H. Superalloys 1992[C]. Pennsylvania: TMS, 1992: 589 ~ 590.

[101] Mughrabi H, Scheider W, Sass V, et al. Proc. 10th Int. Conf. Strength of Metals and Alloys[Z]. ICSMA10, Japan: Japan Institute of Metals, 1999.

第2章 镍基铸造高温合金的成分设计及熔炼工艺

2.1 概述

随着我国航天事业的发展，迫切需要研制更大推力、价格低廉、技术先进的火箭发动机。而液氧-煤油高压补燃火箭发动机正是国际上最先进的火箭发动机之一，已成为今后火箭发动机发展的主要方向。该发动机最突出的优点是：无毒、廉价、高可靠性、大比推力、使用方便，这得益于采用了高压富氧补燃循环原理。与常规发动机不同，液氧-煤油高压补燃火箭发动机不仅是改变了推进剂、循环方式，而且在推力吨位、性能、可靠性等方面均有大幅度的提高。为此要求发动机关键材料要在比现在发动机工作参数高得多的条件下工作，而且要求材料必须首先具备抵御富氧燃气介质侵蚀的能力。

样机解剖结果表明：该发动机最关键部件，如喷嘴环、涡轮转子、燃气腔壁、出口法兰、燃气导管、均流板、紧固件等，均采用同一牌号 эп202 无钴镍基沉淀强化型高温合金以铸件、锻件、板材、焊接等形式制造，这在发动机选材方面是很少见的，也体现出了合金抗侵蚀性能的重要价值。

液氧-煤油高压补燃火箭发动机使用工况非常恶劣，对材料提出的要求苛刻，具体要求为：

（1）抵抗富氧燃气流介质侵蚀的能力，具有一定的热稳定性；否则，氧化、混合气体侵蚀或热腐蚀、冲蚀交互作用，在有效应力、温差大的条件下很短时间就会产生灾难性后果。

（2）从低温到高温具有优良的综合力学性能；该发动机要求一种材料同时满足涡轮盘、工作叶片、燃烧室等对材料不同的性能要求。

(3) 良好的工艺性（可焊、可锻、可铸、易成型）。

而一般的镍基沉淀强化型高温合金的特点是：高强度、低塑性、难焊接、成型工艺差、热加工塑性差。尽管我国仿制了众多国外的高温合金，但是对这种多用途，价格低廉，高性能，可铸、锻、焊且抗侵蚀的高温合金还没有进行过全面的研究，这是一个全新的合金，获得的资料极少。目前，我国能满足液氧-煤油高压补燃火箭发动机要求的高温合金材料少之又少。纵观世界，除俄罗斯外，各国的火箭发动机设计均没有采用高压大流量富氧燃气介质侵蚀，而是根据每个部件使用工况选择数种高温合金制造。如美国的涡轮转子材选用 A286、Inconel X-750、Rene41 等，燃气导管主要以固溶强化高温合金板材为主，强度低，但具有良好工艺性。如 Hastelloy X、Incone1625、Incone600、Hayness 188 合金。

俄罗斯针对火箭发动机对材料的要求，研制成功了一系列专用的高温合金和改型合金，如 эп454、эп404、эп590、эп202、эп126、эп652 等合金。这些合金的特点是大多数用 W、Mo 等元素复合强化，不含 Co 或较少含 Co，热强水平很高，长期组织稳定性稍差，但可满足宇航技术的要求，成本低，可用于制造焊接构件。由于技术封锁，很少有资料报道这些合金的系统研究情况及俄罗斯火箭发动机具体部件材料使用的合金情况。

我国过去为航天工业研制的高温合金材料有 GH169、GH141、GH131、GH600、GH605 等合金。这些合金都是参照国外类似型号结构件所采用的结构材料进行仿制的。耐富氧燃气介质侵蚀研究，可焊涡轮转子，沉淀强化型高温合金燃气导管焊接件应用基本处于一片空白。从 20 世纪 60 年代开始，进行了火箭发动机用的铸造合金的研究[1~3]，由于研制的难度较大或其他原因，为了保证发动机安全可靠，最终未能实现一种铸造高温合金真正用在服役火箭发动机上。

现在使用的高温合金大多数是从热强性角度出发研制的，多数不能满足表 2-1 所示的要求，在硫化-氧化腐蚀条件下抗力不足。在富氧燃气介质中，其氧化腐蚀机理非常复杂，对高温合金的侵蚀非常严重，使合金的性能大幅度地下降，产生灾难性的事故。

表 2-1 镍基耐蚀合金中合金元素的极限含量（质量分数）和边界条件

（%）

Cr	Ti	Al	Mo	W	Mn	Y	Ce	Zr	Ti/Al	$Cr^{1/2}Ti/Al$	Cr/Al
>18 ~ 20	>3 ~ 4	<1.5 ~ 2.0	<4	<4	>0.5	0.02 ~ 0.05	0.02 ~ 0.05	0.05 ~ 0.1	>1.0	>4	>5

由于沉淀强化型合金的高强比，制作燃气导管是非常理想的材料，但随着合金中铝、钛的加入，带来的是焊接出现热裂纹和应变时效裂纹[4~9]。在高压环境中要求高的焊接质量，而沉淀强化型的合金获得高的焊接质量十分困难。目前，世界各国都正在进行这方面机理的深入研究工作，未见有类似专利申请。

铸造高温合金有许多优点，但是，由于铸造合金的晶粒粗大，铸件的截面尺寸不均匀，成分偏析严重，易形成有害相。从而导致塑性低，冲击韧性差，疲劳性能不好；而且通常铸造高温合金中铝、钛含量高，焊接时易出现热裂纹和应变时效裂纹，甚至无法焊接；铸造高温合金也易产生表面砂眼、缩孔、微裂纹和内部夹杂、疏松、气泡等缺陷。因此，必须开展大量的研究工作，研制一种不但在化学成分、力学性能和焊接性能均满足设计要求的母材，而且还要求此种材料具有良好的工艺性能，保证顺利完成整个部件的生产过程。

为满足上述要求，并为我国最新设计研制的大推力运载火箭发动机——液氧煤油高压补燃发动机导向器储备候选材料，需要设计研制一种新型铸造镍基高温合金。这种合金的开发涉及高温合金的各个领域，必须综合考虑合金的研究方案，把大推力发动机对材料的要求，贯穿于整个研制过程。

从研制新型铸造镍基高温合金的技术关键出发，需要进行下列研究：

（1）合金的化学成分设计原则及选定。

（2）采用真空冶炼工艺，摸索出最佳冶炼参数，以获得成分准确、稳定，气体和杂质含量低，性能满足标准要求的母合金。

2.2 新型镍基铸造高温合金的化学成分设计

2.2.1 化学成分设计原则

合金的化学成分对它的组织与性能影响颇大，因此正确设计合金的化学成分，对于更好地挖掘材料潜力意义极大。

镍基高温合金通常含有十余种合金元素，它们是 Cr、Co、W、Mo、Al、Ti、Nb、Ta、Hf、V、C、B、Zr、Mg、Ce 等，这些合金元素不是孤立存在的，相反，在它们之间存在着众多的交互作用，许多内在联系要根据具体情况进行具体分析，不能一概而论，但一般来说，在等量前提下，合金元素综合加入的效果往往比单一加入的效果要好。如单独加入 Mo（或 W）不如联合加 W、Mo 效果好，单独加入 Al 不如联合加 Al、Ti、Nb 效果好，如此等等。多元合金化的一个目的是发挥不同元素的不同作用。对一个含有 14 ~ 15 个元素的镍基合金来说，总会有三类元素，第一类是起固溶强化提高抗氧化耐腐蚀性为主的元素，以 Cr、Co、Mo、W 为代表，第二类是沉淀硬化元素，主要是析出 γ′相的 Al 和 Ti，第三类是起晶界强化作用的元素，如 C、B、Zr、Ce、Mg、Hf 等。这三类元素缺一不可而且相互之间要有恰当的配合，否则不能得到最佳性能。随着合金强化水平不断提高，以沉淀硬化作用为主的元素（Al、Ti、Nb 等）含量是不断提高的，目前加入总量已达到 11% 左右，得到 60% ~65% 的 γ′相[10]，这已接近极限，在正常的工艺条件下，加入量再增加只能增加共晶 γ′相数量。与此同时，固溶强化元素的含量也要相应增加，特别是高熔点元素含量与铬含量之比值增大，它们将使合金的熔点、强化相的溶解温度及热稳定性增加。随着合金使用温度的增加，晶界强化元素的作用更为突出，除 B 以外，往往还综合加入 Mg、Hf、Zr、Ce 等元素进行综合晶界强化，而且要控制适量的 C、N。

为提高镍基高温合金的高温强度（热强性），需要不断增加强化相 γ′相的体积百分数，最有效的途径是增加（Al + Ti）含量的同时降低铬含量[11]。但人们很快发现，过高的钛含量损害了合金的铸造性能，低铬则导致合金抗氧化性的急剧恶化。在不得不保持必需铬含量的同时，为补偿强度的损失而引入了 Mo 元素的固溶强化，但发现过高含量的 Mo（>3.5%）严重影响合金的抗热腐蚀性，进而用 W、Ta、Nb 等难熔元素代替 Mo，成为铸造镍基高温合金发展的显著特点[12]。然而，随着强度的增加，铸造镍基高温合金的低塑性问题越发突出[13]。上述三种元素的不断加入，带来两个严重危险，即导致组织不稳定性，析出 TCP 有害相，以及降低抗氧化耐蚀性。因此，在成分设计时要考虑如何避免出现上述问题。

本文讨论的新型镍基铸造高温合金，是一种高强、高温镍基铸造高温合金，除了具备普通高温合金的特性外，它还具有良好的耐富氧燃气侵蚀的能力，故此在成分设计上既考虑 γ′相强化和固溶强化，又要考虑到晶界的净化和强化对高温性能的提高作用。

2.2.2 化学成分的选定

2.2.2.1 铬元素

Cr 在镍基合金中最主要的作用是增加抗氧化及耐蚀能力。当 Cr 含量达到一定临界值（它是合金成分的函数）后，会在表面生成一层连续致密的附着性良好的 Cr_2O_3 膜，对合金抗氧化腐蚀起保护作用。Cr 在镍基合金中主要以固溶态存在于基体中，少量生成碳化物，由于 Cr 含量与 C 含量之比很高，一般多生成 $Cr_{23}C_6$ 型碳化物，只有 Cr 含量低或碳含量高时才生成 Cr_7C_3 型碳化物。铬通过固溶强化基体和晶粒，$Cr_{23}C_6$ 析出则影响合金的强度。

镍基合金的 Cr 含量波动于 10% ~20% 。根据拟研制新合金的使用条件，必须要兼顾抗蚀性和高温强度两方面的要求，而这两方面的要求往往会导致相互矛盾的结果。近年来，人们认为一味追求高强度指标而降低 Cr 含量，严重损害抗氧化腐蚀性能并非合理，因此认为，Cr 含量不断下降的趋势应该停止，而必须把铬含量保持在一定水平上，来进一步强化。综合考虑，本实验合金 Cr 含量选定为 17% ~20%。

2.2.2.2 铝和钛元素

除了 Cr 以外，Al 和 Ti 是镍基合金中最基本的元素，镍基合金之所以能成为不可取代的高温合金就是因为存在 γ′强化相，而 Al 和 Ti 是形成 γ′相的主要元素。当 Al 含量大于其在镍中溶解度极限时，随温度下降可从 γ 相中析出 γ′相，称为二次 γ′相。Ti 含量超过在 Ni 中的溶解度后，自高温冷却时从 γ 相中沉淀出 η-Ni_3Ti，它呈大块片状或魏氏组织。Ni_3Ti基本无溶解度（或极小），所以无法对它进行合金化。它不是一个强化相，它的析出导致性能降低，所以在合金设计上应设法避免。

铝和钛这两个元素在γ相和γ′相中的分配比分别为1∶0.24和1∶0.1。在γ′相中，Ti可置换部分Al，减小Al的溶解度，促进γ′相的析出。Ti是碳化物形成元素，促进MC碳化物形成。Al和Ti都是提高合金表面稳定性的重要元素，通常认为，高Al有利于提高合金的抗氧化性能，而高Ti则有利于提高抗热腐蚀性。综上因素，Al和Ti的含量选定为1.0%～1.5%和2.2%～2.8%。

2.2.2.3 钼和钨元素

高温合金中经常含有Mo或W或Mo、W共存，它们对合金起很大的作用。Mo和W都是难熔金属，熔点很高，如Mo为2620℃，W为3380℃，因此它们加入Ni（或Ni-Cr）基体后将会明显改变其性质。Mo和W在Ni中有较大的溶解度。如800℃时Ni-W系的溶解度为32%W，Ni-Mo系为23%W。在Ni-10Cr-W系中为27%～28%W，在Ni-20Cr-W系中为15%～16%W。在Ni-(15～20)Cr-Mo系中为13%～14%Mo；在Ni-(15～20)Cr-Ti-Mo系中为11%～12%Mo。显然，成分愈复杂，Mo、W在合金中的溶解度就愈小。

Mo、W加入Ni后，可提高原子间结合力，提高扩散激活能Q，使扩散过程变慢，同时提高再结晶温度（合金软化标志之一），从而提高合金的热强性（固溶强化）。由于W、Mo熔点很高，且有较大的原子半径差，所以有较大的强化效应。在高温下其强化效果也很突出。通常，合金元素加入Ni后都使合金熔点下降，但W除外，W加入Ni后不仅不降低Ni-W合金熔点，而且还有所增加。这对高温下使用的合金来说，是很可贵的。

Mo及W可不同程度地进入γ′相中，尤其是W，它在γ相和γ′相中分配比约等于1，因此镍合金中添加W、Mo将使γ′相数量增加，热稳定性提高；同时改变Al、Ti等在镍中的溶解度，使溶解度变小。Mo与W又是碳化物形成元素，主要生成M_6C。沿晶界分布的M_6C对合金性能起重要作用。

W、Mo 加入量要适当，不宜超过其溶解度极限，过量 W、Mo 将产生有害的后果，例如析出金属间化合物 Ni_4W、Ni_4Mo，使合金性能下降；损坏抗氧化腐蚀性能，促进酸性熔融，导致灾难性氧化；提高合金平均电子空位数 N_v，增加合金析出 TCP 相（有害相，主要是 μ 相、σ 相）的倾向性。因此，本实验合金中 W 和 Mo 含量均选定为 4.0% ~5.0%。

2.2.2.4 碳和硼元素

C 和 B 是高温合金中两个最重要的晶界和枝晶间强化元素。它们在 γ 相中的溶解度极低，又不进入 γ′相。偏聚于晶界和枝晶间的 C 和 B 除了作为间隙元素填充这些区域的间隙，减慢扩散，从而降低晶界和枝晶间开裂倾向以外，还形成碳化物和硼化物，强化了晶界和枝晶间。镍基高温合金中形成的碳化物主要有 MC、M_6C 和 $M_{23}C_6$，硼化物相主要是 M_3B_2。同样是初生相，M_3B_2 比 MC 更稳定。由于碳化物和硼化物固结了一定数量的 TCP 相形成元素，因此 C 和 B 是高温合金显微组织稳定剂，而且 B 的稳定作用更强。由于硼和碳在组成间隙固溶体方面有类似的作用，合金中 B 的加入会降低 C 的溶解度而影响到晶界碳化物的析出。因此，有时在考虑晶界碳化物对热强性的影响时，要把 C、B 两个元素综合起来考虑。

硼的加入量在镍基高温合金中控制在 0.05% 以下，通常是不大于 0.01% ~0.02%。本实验合金控制 $w_B \leqslant 0.015\%$，$w_C \leqslant 0.08\%$。

2.2.2.5 其他元素

Fe 在镍基合金中是个有害元素，随着合金的发展，对它的限制愈来愈严格。一般允许铁含量为 4% ~8%。研究表明[14]，随 Fe 含量上升，γ′相数量下降，形态由立方体状态变为不规则形状，化学组成中铁成分增多，N_v 值增大，出现 σ 相，以上因素导致合金强度与塑性同时下降，尤其是持久性能。本实验合金控制 $w_{Fe} \leqslant 4\%$。

为了消除有害杂质和气体的不利作用以及进一步来净化和强化晶界，可以有意识地加入某些微量元素，诸如稀土元素 La、Ce 等。稀土元素 La、Ce 等由于化学性质活泼，与氧有很大的亲和力，可以在合金冶炼过程中起到良好的脱氧去气作用。

随着稀土元素含量的增加，合金中气体含量急剧下降。同时，这些元素又能和一些低熔点杂质生成密度较小的难熔化合物，故在冶炼过程中能综合地起到去气和去杂质的作用，消除有害杂质在晶界的不利作用，即通过净化晶界来提高热工艺塑性和热强性。然而，这些元素加入过量，由于它们本身的熔点低（如 Ce-804℃），或是像过量的硼能形成低熔点共晶产物，而起到了类似低熔点杂质的不利作用而降低合金性能。加入量一般小于 0.01%。

S 在液态 Ni 中虽可无限溶解，但在固态时的溶解度却很小。因此，合金中硫含量在冷凝时，在 Ni 中会形成熔点只有 644℃的 Ni + Ni_3S_2 共晶。这些低熔点共晶在晶界的形成会大大恶化合金的热加工性能和高温热强性。通常高温合金中的硫含量一般控制在 0.01% 以下。其他元素控制在 $w_{Mn} \leqslant 0.5\%$，$w_{Si} \leqslant 0.6\%$，$w_{P} \leqslant 0.015\%$。

优化设计后拟研制新合金的化学成分见表 2-2。

表 2-2 拟研制新合金的化学成分（质量分数） (%)

成分	C	Cr	Mo	W	Ti	Al	Ni
含量	≤0.08	17~20	4.0~5.0	4.0~5.0	2.2~2.8	1.0~1.5	余量
成分	Fe	Mn	Si	B	Ce	S	P
含量	≤4.0	≤0.5	≤0.6	≤0.015	≤0.01	≤0.01	≤0.015

该合金加入约 4% 的 Ti、Al 生成 γ′相进行时效强化，加入约 9% 的 W、Mo 进行固溶强化，高达 17% ~20% Cr 以保持更好的抗氧化腐蚀性能，还添加了微量的硼强化晶界、微量的稀土元素改善抗氧化腐蚀性能。由于合金中不含价格昂贵的 Co 等合金元素，可降低合金的成本。

2.3 新型镍基铸造高温合金熔炼工艺

合金成分决定了合金的组织，因此合金化学成分对合金综合性能影响很大，特别是合金中的 Cr、Mo、C、Al、Ti、B 等元素含量及含量的稳定性，对确保合金获得高的综合力学性能及好的性能稳定性具有非常重要的意义。

拟制新合金中含有通常镍基铸造高温合金所含有的 Al、Ti、B 等活性元素，在熔炼中易氧（氮）化而被烧损，并生成化合物夹杂而影响合金的纯净度；由于成分中同时存在 Al、Ti、W、Mo 等密度相差较大的元素，会引起偏析和组织不均匀；微量元素 B、Ce 等都与氧亲和力大，它们易氧化而难以保证适宜的含量[15~18]，因此必须研究制定完善、合理的熔炼及重熔工艺，才能保证熔炼出的合金成分符合技术条件规定的要求，同时保证试样测试的各项性能指标达到设计规定的水平。因此，真空熔炼和重熔工艺的研究需围绕母合金的成分配料设计、原材料的选用标准和质地要求、熔炼的环境和条件、熔炼工艺的制定等几方面来进行。

2.3.1 熔炼设备

熔炼设备采用 ZG-0.2 型真空感应熔铸炉，主要包括炉体、变频机组和真空系统三部分，其结构如图 2-1 所示。

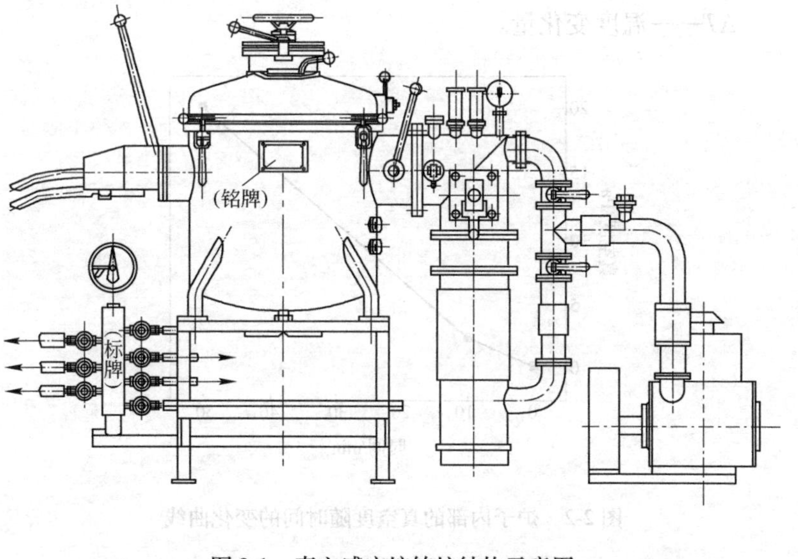

图 2-1 真空感应熔铸炉结构示意图

2.3.2 炉子真空度及漏气率的测定

大量的熔炼实践证明，真空感应炉的真空度及漏气率对高温合金的熔炼效果具有十分重要的影响[19~22]。

炉子内部的真空度可以通过真空表随时测得。而真空系统要达到一点也不漏气，几乎是不可能的。只要把炉子的漏气率降低到允许的范围之内，就能保证熔炼所需要的真空度。

炉子漏气率的检测采用静态升压法[23]。测量炉子的漏气率时，首先把炉子内部的压强抽至炉子的极限压强，然后关闭阀门，使炉子和真空系统隔开，记录炉内压强随时间的变化情况，根据记录所测得的真空感应炉内部真空度随时间的变化曲线（见图 2-2）。炉子漏气率的计算公式见式（2-1）：

$$Q = V \times (\Delta P / \Delta T) \tag{2-1}$$

式中　Q——炉子漏气率；
V——器件的体积；
ΔP——压强变化量；
ΔT——温度变化量。

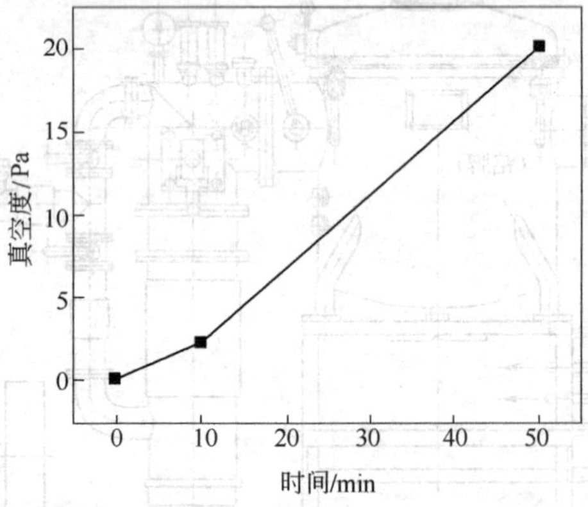

图 2-2　炉子内部的真空度随时间的变化曲线

由测量数值可以计算出炉子的漏气率 $Q = 14\text{Pa} \cdot \text{L/s}$。

根据冶金物理化学，为减少金属液吸气，通常冶炼中维持的动态真空度应该为 1 ~ 0.1Pa，漏气率应小于 10 ~ 40Pa · L/s。氧和氮的允许含量及其溶解度决定了应该达到的真空度的要求。

2.3.3 母合金原材料的选取

在真空感应熔炼中 N、Sn、Sb 和 As 等杂质难以去除，应该在原料中严格加以限制。炉料中杂质元素的含量对最终母合金中的杂质元素含量具有决定性的影响，所以选择原材料的原则是在成本允许的前提下，尽可能选用高纯度的原料。

拟制新合金的化学成分中有害杂质元素 S、P 等含量要求很低，这就要求原材料必须具有高纯净度，符合 HBZ131-88 的标准要求。必须对原材料的成分、杂质和气体含量进行严格控制。在具体选料上本着“高牌号、严标准”的原则进行。具体选料标准为：

Ni：符合 Ni-01 或 Ni-1 要求

Cr：符合 JCr99 要求或电解铬

Mo：符合 Mo-1 要求

W：符合 TW-1 要求

Al：符合 Al99.7（特一级）或 Al99.6（特二级）要求

Ti：符合 MH Ti-0 或 MH Ti-1 要求

Fe：纯铁，低硫、磷

B：符合 GB/T 5682—1995 标准中的硼铁（B-Fe），要求成分均匀稳定、准确、无夹杂

Ce：符合 Ce-2 或 Ce-3 要求

Mn：符合 DJMn99.7 要求

Si：符合 Si-1 或 Si-2 要求

2.3.4 合金的配料和称料及熔炼条件

为获得精确的合金成分，必须对炉料进行精确的计算与称量。经反复试验，确定母合金配料设计的最优含量。采用 ZG-0.2 型真空感应炉熔炼母合金，选用新料约 150kg 的母合金，浇注 ϕ80mm 左右的合金锭。坩埚熔炼的制作和烧结工艺按专用说明书的规定执行，烧结后的坩埚内表面应光滑无明显裂纹，不允许有严重掉砂和剥落现象。新坩埚烧结完经检查后，应用纯镍或本合金返回料进行洗炉（洗炉料的装入量应不小于本合金的装入量，洗炉时的熔池温度升至不低于

本合金的精炼温度，洗炉后期熔炼室的真空度应达到本合金精炼期对其真空度的要求）。中间漏斗和分流漏斗应无裂纹并将毛边、毛刺和浮砂清理干净，中间漏斗和分流漏斗在使用前应经400~600℃的烘烤保温2h方可使用。锭模的内径尺寸，应符合对料锭尺寸的要求。锭模组合前应将内腔表面清理干净，冷模应进行400℃的预热处理，保证合金锭的表面平整光滑。锭模组合后，应进行认真检查，以防组合不紧实而发生漏钢和防止冒口用纤维棉掉入锭模而产生质量问题。

2.3.5 真空熔炼工艺

2.3.5.1 装料的分析研究

由于拟制合金中含有Ni、Cr、W、Mo和Al等成分，因此在添加料的次序、位置及时间上必须严格控制，科学合理设计。在坩埚加料时，为尽可能预热脱去烧结料中的气体，应将部分Ni（块）装于坩埚下部，金属Cr、W、Mo等装于中上部，而余下的Ni（长条）装于最上部。二次装料要在真空下进行，其余的C、Al、Ti、B、Ce装入加料器中，在合金化时加入。炉料的大小及搭配，应使在装料时紧密接触，而在熔化时又不发生“架桥”现象。

2.3.5.2 熔化

熔化期的任务是熔化原料，均匀成分，去除吸附的气体，并使合金液体有适当的温度和真空度，为精炼创造条件[24~26]。

在熔化前应先抽真空，使炉内的真空度达到小于1Pa的水平，以减少炉料在加热时的吸气。在冷炉时，应使熔化功率逐渐增加，以保证炉料和坩埚附近的气体逐渐放出时，炉内仍有足够高的真空度。在连续熔炼时，开始以较低的功率加热炉料至发红，然后保证在一定真空度的情况下，用最大的功率尽快加热熔化炉料。由于炉料中含有大量的气体，在炉料开始熔化后，真空度往往大幅度下降，但时间很短，在熔清后真空度又能迅速提高。化清后继续用高的功率，使合金液体达到要求的温度，然后降低功率，转入精炼期。

熔化过程按ZG-0.2型真空感应炉实验合金熔炼工艺曲线进行

(见图 2-3)。

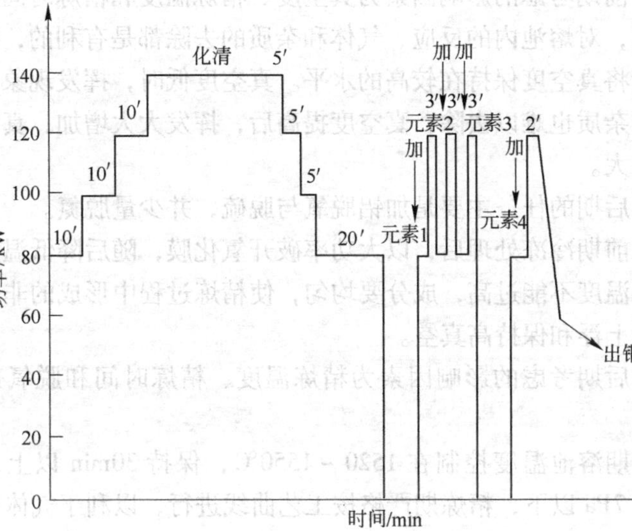

图 2-3 ZG-0.2 型真空感应炉实验合金熔炼工艺曲线图

熔化期的真空度应尽可能保持在高真空状态下，送电功率可根据熔池的沸腾和喷溅情况进行调整，应防止严重沸腾和喷溅，必要时可适当降低真空度或充入氖气，待料化清大功率充分进行搅拌后方可进入精炼期。

2.3.5.3 精炼

炉料化清后，提高温度对合金进行精炼。精炼前期的任务是利用高温和高真空条件，进一步利用碳氧反应脱氧、氮和易挥发的低熔点杂质。

精炼前期的脱氧主要是通过碳氧反应进行的。采用碳氧反应脱氧，炉料必须充分地熔化和熔解。在精炼前期，碳氧反应是很强烈的。此时碳氧的浓度高，反应速度很快，会由于一氧化碳的大量放出出现沸腾现象。为了防止碳氧反应过于猛烈而使合金液体飞溅，应暂时降低真空度一段时间，待反应平稳后，再提高真空度并保持一段时间，便于氧和氮的排除。

精炼前期考虑的影响因素为真空度、精炼温度和精炼时间。真空度的提高，对熔池内的反应、气体和杂质的去除都是有利的，因此应当尽可能将真空度保持在较高的水平。真空度低时，挥发现象一般很少，液面杂质也难以去除；真空度提高后，挥发大大增加，真空度越高挥发越大。

精炼后期的任务主要是加铝脱氧与脱硫，并少量脱氮。

精炼前期冷冻处理后，以大功率破开氧化膜，随后降低温度，精炼后期的温度不能过高，成分要均匀，使精炼过程中形成的非金属夹杂能充分上浮和保持高真空。

精炼后期考虑的影响因素为精炼温度、精炼时间和脱氧剂的加入量。

精炼期溶池温度控制在1520～1550℃，保持30min以上，真空度保持在7Pa以下，精炼期严格按工艺曲线进行，以利于气体和有害杂质元素的去除。

2.3.5.4 降温冻结、合金化及浇注

精炼结束后，停电降温，直至熔池表面合金液冻结。

熔池冻结后，送电将冻结的膜冲开，送低功率按顺序依次加入C、Al、Ti、B。每次加料后应送大功率进行充分搅拌，使之成分均匀化，Ce在浇注前1～2min时加入。

合金化结束后，停电降温，温度降至1400℃时，送电搅拌，借助于电磁搅拌把浮在合金液表面的杂质推向坩埚壁。当温度合适时即可浇注，浇注时应在带电和真空条件下进行。

2.3.6 试验结果

2.3.6.1 化学成分

分析了不同炉号熔炼试样的化学成分，结果表明采用上述的熔炼工艺，合金的化学成分满足指标要求，并且是相当稳定的，熔炼工艺是优化和正确的。对各炉实验母合金进行了化学成分检测。化学成分

的分析测试工作由国家钢铁材料分析测试中心完成。

熔炼试样的化学成分显示，对C、Cr、W、Co、Mo、Nb、Al、Ti含量控制在中限附近。B含量控制在中限偏下范围。危害元素S、P等对合金性能影响很大，必须严格控制其含量，对各炉次的分析结果看，S、P含量远低于控制含量的0.01%和0.015%，S的最高含量仅为0.002%，P的最高含量仅为0.008%。从各炉次实验合金成分含量的测试结果看，对母合金各成分含量的控制是有效的，各元素含量均有效地控制在成分控制范围内。

2.3.6.2 力学性能

由于合金化学成分控制严格、波动很小，全面的力学性能测试分析结果表明，各炉次实验母合金力学性能均完全达到技术条件要求，并且力学性能较稳定。从表2-3可见，合金室温 R_m 最高值为980MPa，最低值为835MPa，平均为900MPa。拉伸伸长率最低值为16.0%，最高值22.0%，平均19.2%，室温冲击值最高为45.0J/cm^2，最低值为31.0J/cm^2，平均为38.5J/cm^2。合金700℃时 R_m 最高值为865MPa，最低值为575MPa，平均为759MPa。700℃拉伸伸长率最低值为10.5%，最高值22.0%，平均16.8%。

表2-3 不同炉号的实验合金的力学性能

炉 号	室温拉伸			700℃拉伸			室温冲击
	σ_b/MPa	$\sigma_{0.2}$/MPa	δ/%	σ_b/MPa	$\sigma_{0.2}$/MPa	δ/%	a_k/J·cm^{-2}
01-2625 *	940	615	22.0	735	535	15.0	37.5
01-2626 *	835	580	16.0	765	500	18.0	37.5
01-2627 *	895	560	19.0	575	450	10.5	31.0
01-2697 *	980	650	22.0	865	570	17.0	40.0
01-2698 *	855	600	20.0	790	540	18.0	40.0
01-2699 *	880	620	16.0	825	530	22.0	45.0
指标要求	≥800	≥500	≥10	≥500	≥350	≥10	≥30

参 考 文 献

[1] 仲增墉，师昌绪．中国高温合金四十年发展历程[M]．北京：中国科学技术出版社，1996：3~14.

[2] 冯涤．20世纪高温合金的发展[C]//钢铁研究总院99学术年会文集．北京：钢铁研究总院，1999：24~30.

[3] 冯涤．新世纪高温合金的发展[C]．北京：钢铁研究总院，2002：1~5.

[4] 赵光普，焦兰英．沉淀强化型镍基合金焊接研究进展[C]．北京：钢铁研究总院，2002：98~102.

[5] СОРОКИН Л И. Сорохин, Свариваемость жаропрочных сплавов Проминяемых в авиационных газотуринных двигателях [J]. ISSN 0491-6441 Сварочное Производство, 1997(4):11~17.

[6] ЛУКИН В И, СЕМЕНОВ В Н. Образование горячих трещин при сварке жаропрочных сплавов[J]. ISSN 0026-0819 Металловедение и термическая обработка металлов, 1997(1):23~27.

[7] Prager M, Thompson E G. Study of the mechanical properties and strsin age cracking of Rene' 41 for F-1 rocket engine application[R]. Rocketdyne Report R-7111, 1967.

[8] Thompson E G, et al. Practical solutions to strain-age cracking of Rene41[J]. Welding Research Supplement, 1968(12):299~313.

[9] Hughes W P, et al. A study of the strain-age cracking sensitivity of Rene41[R]. AFML-TR-66-324 Patria, 1968.

[10] 陈国良．高温合金学[M]．北京：冶金工业出版社，1988：176~177.

[11] Wood J V, Mills P F, Bingham J K, et al. Structure and initial precipitation in a rapidly solidified nickel superalloy[J]. Metall Trans A, 1979, 10A: 575~584.

[12] Seth B B. In: Superalloys 2000 (eds. Pollock T M, Kissinger R D, Bowman R R, et al), Warrendale PA: TMS, 2000: 3~16.

[13] Betteridge W, Shaw S W K. Development of superalloys[J]. Mater Sci Technol, 1987(3): 682~694.

[14] 陈国良．高温合金学[M]．北京：冶金工业出版社，1988：175~176.

[15] 萨马林 A M. 真空冶金学[M]．北京：中国工业出版社，1965：11~19.

[16] 黄乾尧，李汉康，等．高温合金[M]．北京：冶金工业出版社，2000：153~181.

[17] Mitchell A. Recent developments in specialty melting processes[J]. Material Technology, 1994(9):201~206.

[18] 傅杰．特种熔炼与冶金质量控制[M]．北京：冶金工业出版社，1996：19~39.

[19] 戴永年，赵忠．真空冶金[M]．北京：机械工业出版社，1988：97~101.

[20] 戴永年，杨斌．有色金属材料的真空冶金[M]．北京：冶金工业出版社，1996：

347 ~351.

[21] 殷瑞钰. 钢的质量现代进展[M]. 北京：冶金工业出版社，1995：639 ~641.

[22] 傅杰. 特种熔炼与冶金质量控制[M]. 北京：冶金工业出版社，1996：84 ~89.

[23] 牛建平. 镍基高温合金真空感应熔炼研究[D]. 沈阳：中科院金属研究所，2002.

[24] 傅杰. 特种熔炼与冶金质量控制[M]. 北京：冶金工业出版社，1996：187 ~189.

[25] Sims C T，Stoloff N S，Hagel W C. 高温合金[M]. 赵杰 等译. 大连：大连理工大学出版社，1992：59 ~77.

[26] 罗思. 真空技术[M]. 北京：机械工业出版社，1989：71 ~87.

第3章 镍基铸造高温合金的组织及其热处理

高温合金的性能主要决定于化学组成和组织结构。当合金成分一定时，影响合金组织的因素有冶炼铸造、塑性变形和热处理等工艺。其中，热处理工艺对合金组织的影响最为敏感。不同的热处理即不同加热温度、保温时间和冷却速度以及各种特殊热处理，可使合金的晶粒度、强化相的沉淀或溶解、析出相的数量和颗粒尺寸、甚至晶界状态等不同[1]。所以同一种合金经不同热处理后具有不同的组织，因而具有不同的性能和用途。通常高温合金进行的热处理为固溶处理+时效。其中，固溶处理温度介于合金的初熔温度与γ′相溶解温度之间，时效温度则低于γ′相的溶解温度。热处理的目的在于使铸态γ′相等固溶到基体中，并使显微组织均匀化，最后让细小γ′相在基体中均匀析出。有些合金采用多次固溶和多次时效以获得更好的综合性能。经过这种热处理，合金的耐温能力得到提高。但有文献指出[2]，如果热处理不适当也会引起材料性能的下降。

由于对熔炼所获合金试样的组织及热处理工艺的研究十分有限。因此需从改变合金固溶及时效工艺参数入手，分析其组织、性能的变化，以期获得该合金的最佳热处理工艺。为此进行的工作包括：

（1）合金试样微观组织的研究。

（2）合金的成分-组织-性能之间的关系的深入地研究，找出最佳的热处理制度，使合金力学性能、工艺性能达到最佳配合。

3.1 实验方法简介

合金成分及制备方法如前所述。组织检验和断口表面分析分别在MEF4M光学金相显微镜、JSM-6480LV型扫描电子显微镜（SEM）、SYSTEMSIX NSS300扫描电镜能谱仪（EDS）上进行，用Philip EM420透射电子显微镜观察γ′相组织。采用电解腐蚀法，腐蚀剂为：

HCl-HNO_3-甘油（5：1：9）。

为减少偏析，使成分均匀化并闭合铸造疏松和内部裂纹，从而提高铸件的强度、塑性、高温低周波疲劳性能和持久寿命，降低铸件性能波动和分散程度，因此需对所获合金铸造毛坯进行热等静压处理。按对铸造毛坯的热等静压处理工艺（1170℃ ×2.5h，127 ~ 133MPa，随炉冷却）对合金试样进行相应热等静压处理。

为研究固溶及时效工艺参数对其组织、性能的影响，试样分别采用了不同的热处理制度，共计 18 种，分别以 Heat1 ~ Heat18 表示。热处理在中温电阻炉中进行，热处理后的试棒按 GB/T 4338 及 GB/T 2039 要求，经机械加工制成标准拉伸及冲击试样，分别在 AG-5000A 型材料试验机上测定室温拉伸性能，在 DCX-25T 型高温试验机上测定高温拉伸性能，在 ZD2-3 型高温蠕变-持久试验机上测定高温蠕变-持久性能。高温拉伸及高温蠕变-持久实验期间，炉内温度偏差为 ±2℃。高温蠕变-持久实验期间，试样变形由安装于试验机上的千分表测量，灵敏度为 5×10^{-4}。所测力学性能为两个试样的平均值。

3.2 新型镍基铸造高温合金组织特点

3.2.1 合金的铸态组织

熔炼所获合金试样的低倍组织如图 3-1 所示。铸态组织表现为典型枝晶结构，二次枝晶组织粗大，晶界及枝晶间存在少量碳化物，其中，晶界碳化物呈链状分布，而晶内碳化物呈块状分布于枝晶间，如图 3-2 所示。

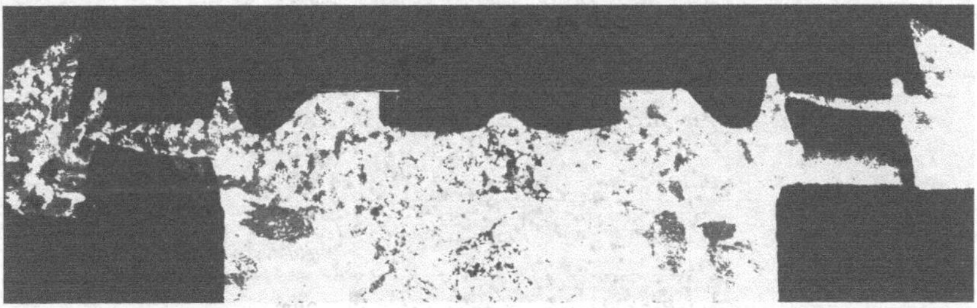

图 3-1 合金的低倍组织

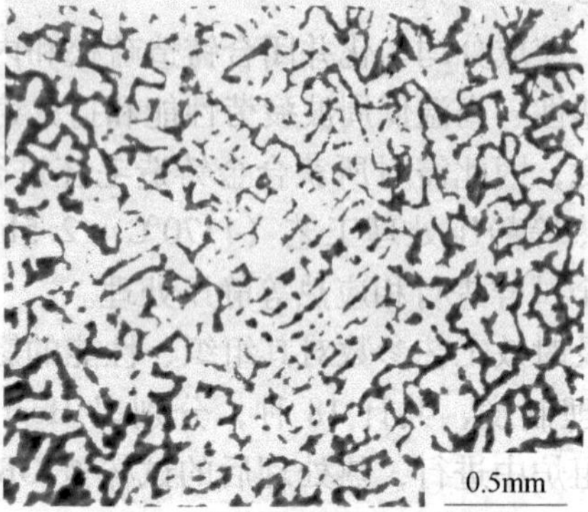

(a)

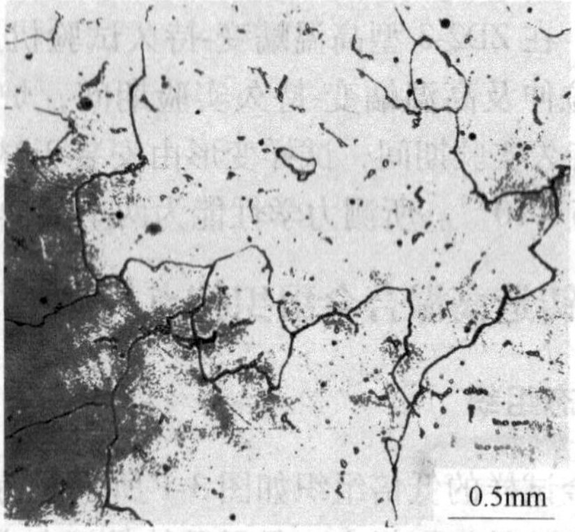

(b)

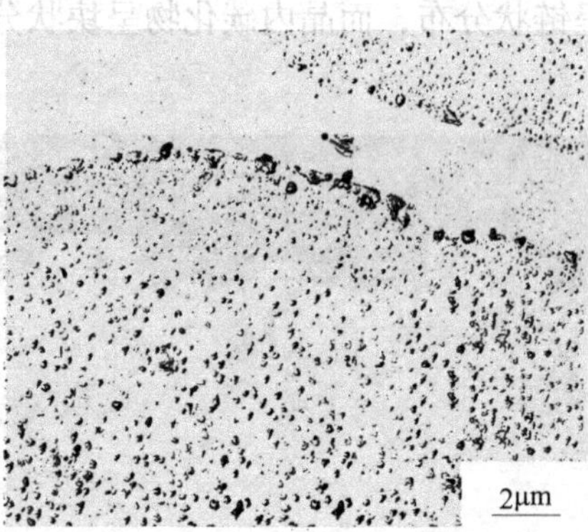

(c)

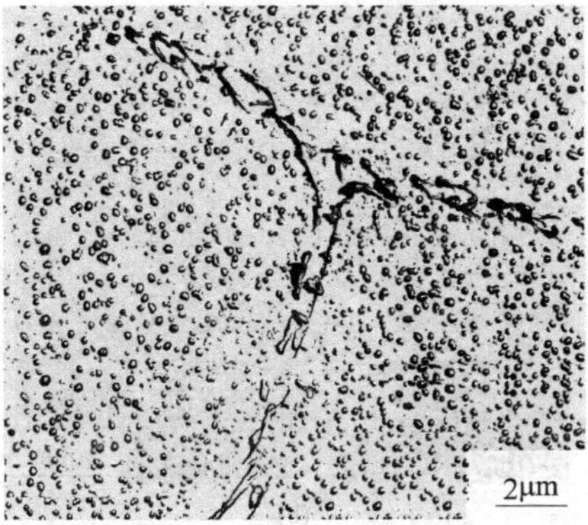

(d)

图 3-2　实验合金的铸态组织

（a）枝晶结构；（b）晶界碳化物分布；

（c）块状碳化物析出；（d）碳化物链状析出

3.2.2　合金的基本组织结构

图 3-3 所示为合金试样的典型组织结构。从图 3-3 可以看出，在热处理后合金的组织具有镍基铸造高温合金组织特征：在 γ 相基体上分散着沉淀强化相 γ′相，晶界有少量的 $M_{23}C_6$、M_6C 碳化物，主要沿晶界呈链状析出，晶内有块状的 MC 型碳化物，同时由于合金成分

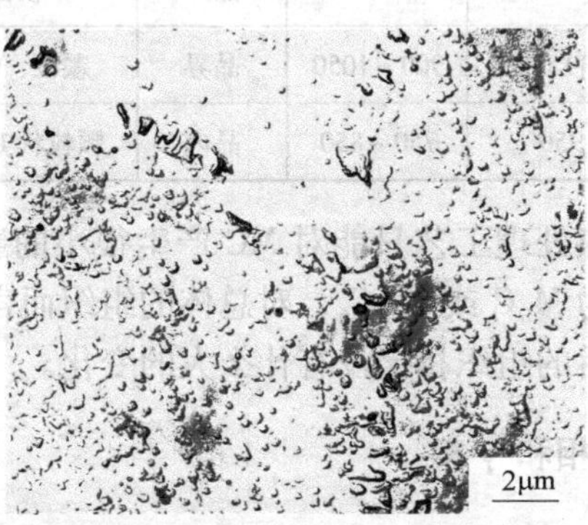

(a)

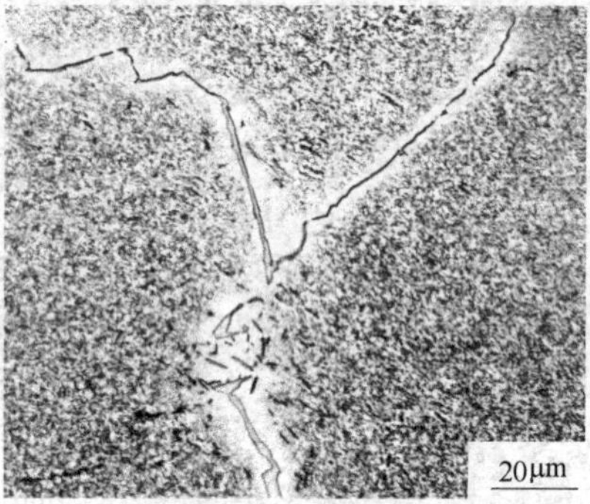

(b)

图 3-3 实验合金的典型组织结构

（a）γ′相形貌；（b）碳化物分布

中含有一定量的硼，因此在枝晶间边上也有少量的硼化物（M_3B_2）存在。表 3-1 表明，当冷却到 1000 ~ 1050℃时，$M_{23}C_6$ 碳化物优先沿晶界析出；合金冷却到 950℃，开始析出 γ′相；温度降低到 900℃时，数量急剧增加，尺寸达到 100nm；850℃时，γ′相数量达到 10%。

表 3-1 碳化物、γ′相的分布及形态尺寸

项 目	析出温度范围/℃	析出峰/℃	主要分布	形态尺寸	数量/%
MC	熔点以下		晶内	块状	
$M_{23}C_6$	650 ~ 1150	850 ~ 950	晶界	颗粒	
M_6C	750 ~ 1150	900 ~ 1050	晶界	颗粒、针状	
γ′相	600 ~ 950	750 ~ 850	晶内	颗粒状 100nm	10% 左右

由于合金的热处理工艺只能对 MC 产生很小的影响，如少量 MC 碳化物可能分解为 M_6C 或 $M_{23}C_6$，对总体的组织而言，实验合金的铸态组织与热处理后的组织相比没有什么大的变化。

3.2.3 合金的 γ 相和 γ′相

为了深入、定量地了解实验合金的组织构成及所占分数、各组织构成的元素构成、组成相的晶体结构、主要强化相 γ′相的粒度大小，对热处理后的实验合金进行了全面的相分析，相分析结果表明：γ 相是镍基单晶高温合金的基体相，是 Cr、Mo、W 等元素溶入 Ni 中的固溶体，γ′相是以 Ni_3Al 为基的金属间化合物，具有面心立方结构，通常含有 Ti、W 等元素，是镍基单晶高温合金中的主要强化相。铸态合金中 γ′相由两种方式形成，一种方式是凝固过程中液相生成过饱和的 γ 相，过饱和的 γ 相在冷却过程中发生沉淀相变而生成 γ′相，绝大部分的 γ′相由此方式形成。另一种方式是凝固过程中枝晶间残余液相发生共晶反应，生成了 γ′相，凝固过程中只有很少一部分液相发生共晶反应，因此由此方式生成的 γ′相数量很少。本实验合金中的 γ′相主要由第一种方式产生。实验测得 γ′相点阵常数为 0.358 ~ 0.359nm，相的组成结构式为（$Ni_{0.952}Fe_{0.001}Cr_{0.047}$）$_3$（$Cr_{0.142}W_{0.054}Mo_{0.038}Ti_{0.411}Al_{0.355}$）。γ′相中各元素占合金的质量分数和原子分数见表 3-2 和表 3-3。表 3-4 为主要强化相 γ′相的粒度大小及所占分数，与同类的铸造高温合金相比，γ′相数量的比例较低，尺寸较小。

表 3-2　γ′相中各元素占合金的质量分数　（%）

Ni	Fe	Cr	W	Mo	Ti	Al	合计
11.1450	0.0146	0.9809	0.6651	0.2405	1.3070	0.6376	14.9907

表 3-3　γ′相中各元素占相组成的原子分数　（%）

Ni	Fe	Cr	W	Mo	Ti	Al	合计
71.37	0.10	7.09	1.36	0.94	10.26	8.88	100.00

表 3-4　SAXS 测试报告

尺寸区间/nm	*f*(D)(%/nm)	质量分数/%	累积比率/%
1 ~ 5	0.25	1.0	1.0
5 ~ 10	0.67	3.3	4.3
10 ~ 18	1.28	10.2	14.5
18 ~ 36	2.16	38.8	53.4
36 ~ 60	1.94	46.6	100.0

注：1. 平均尺寸 $D = 34.6$nm，中值粒径 $d = 34.4$nm，分布范围 $B = 13.6$nm；

2. 参考标准 ISO/TS 13762 和 GB/T 13221；

3. 仪器：3014X 射线 diffracto 光谱仪/Kratky 小散射仪；

4. Co 靶 Ka 辐射，辐射量：30kV、30mA，狭缝：0.04mm、0.1mm、0.02mm。

图3-4为合金在铸态和热处理态下的γ′相形貌。从图3-4中可以看出γ′相主要呈球状排列，铸态下只有一种形态，均为粗γ′相，而热处理态下为尺寸悬殊的粗细两种γ′相混合组织。

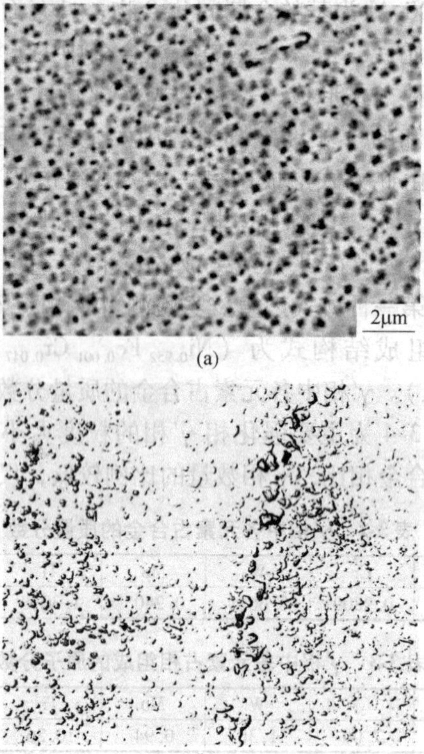

(a)

(b)

图3-4 实验合金的γ′相

（a）铸态；（b）热处理后

合金凝固时，首先形成枝晶干的单相γ相固溶体，同时出现Al、Ti等元素向枝晶间的液相富集，随着枝晶间液相凝固，少量剩余的液相中溶质浓度增大，凝固过程完毕后，在继续降温的过程中，γ相到达溶解曲线以下而成为过饱和固溶体，发生扩散型的脱溶沉淀相变。γ′相在析出初期为球形[3]。根据相变原理，其临界半径 r_c 和临界形核功 ΔG_c，分别见式（3-1）和式（3-2）：

$$r_c = \frac{2p}{\Delta G_v - \Delta G_e} \tag{3-1}$$

$$\Delta G_c = \frac{16\pi p^3}{3(\Delta G_v - \Delta G_e)^2} \tag{3-2}$$

式中 p——单位面积的 γ/γ′相界面自由能；

ΔG_v，ΔG_e——析出单位体积的 γ′相所引起的化学自由能和应变能的变化。

$$\Delta G_v \propto \Delta X \tag{3-3}$$

据文献［4］可知：ΔT 为过饱和 γ 相固溶体的过冷度，ΔX 为溶质的过饱和度。枝晶间处富集 Al、Ti 等 γ′相形成元素，造成枝晶间处过饱和度 ΔX 比枝晶干处大。根据式（3-3），ΔX 越大则 ΔG_v 越大，相应的临界形核功和临界半径越小，所以枝晶间 γ′相能够优先成核，而枝晶干只有在温度进一步降低即 ΔT 增大后，才能析出 γ′相，因此 γ′相形成次序与凝固的次序正相反，按枝晶间、枝晶干顺序依次产生 γ′相，枝晶间 γ′相因先析出而具有更充足的长大时间。此外，枝晶间过饱和度大也会导致更大的长大速度，因而会产生枝晶干和枝晶间 γ′相尺寸的显著差别。

与凝固时析出的次序恰好相反，固溶处理时，将合金加热到溶解度曲线以上保温时，枝晶干和枝晶间的 γ′相依次溶解，即通过固溶处理后，枝晶间粗大 γ′相可溶解并形成均匀的单相固溶体，空冷后重新析出细小的 γ′相。

时效处理过程中，从过饱和的 γ 相固溶体中析出细小、弥散、均匀的 γ′相，另外晶界析出 $M_{23}C_6$ 和 M_6C 二次碳化物颗粒。时效过程中 γ′相形貌的变化取决应变能和界面能的共同作用，γ′相尺寸的增大是 γ′相形成元素扩散的结果。时效温度较低时，γ′相与 γ 相保持共格关系，γ′相的形貌主要取决于应变能的作用，应变能的降低促使 γ′相形成元素扩散，使 γ′相尺寸增大。时效温度较高时，界面能起主要作用，时效温度越高，界面能降低越多，γ′相形成元素扩散越快，γ′相相互吞并得以长大，γ′相形貌呈不规整的球状，γ′相尺寸增大，γ′相与 γ 相失去共格性。时效后空冷过程中 γ′相的析出有两种方式，一种是附着在已时效长大的 γ′相上，另一种是重新形核析出 γ′相，以哪一种方式析出取决于 γ′相形成元素距析出 γ′相的距离。时效温度较高时，由于基体通道变宽，空冷过程中 γ′相形成元素来不及扩散到 γ/γ′相界面，在基体通道中析出了细小的二次 γ′相；时效温度较低时，γ′相形成元素能扩散到 γ/γ′相界面，空冷过程中得到了尺寸大致相同的 γ′相。

3.2.4　合金中的碳化物

对于一般镍基铸造高温合金来说，其碳化物（MC）主要是“草书体”状（骨架状），而实验合金中的碳化物主要以块状或链状碳化物为主，如图 3-5 所示。EDS 分析结果表明，块状碳化物是 MC 型

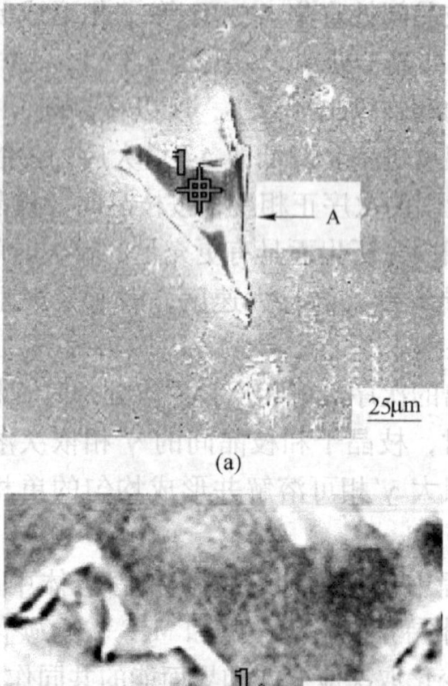

(a)

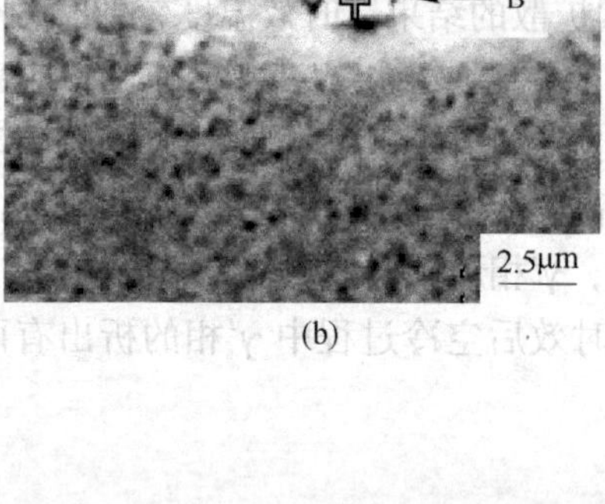

(b)

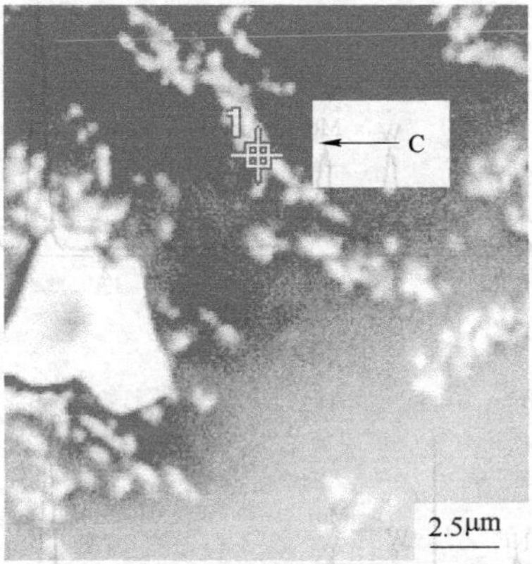

(c)

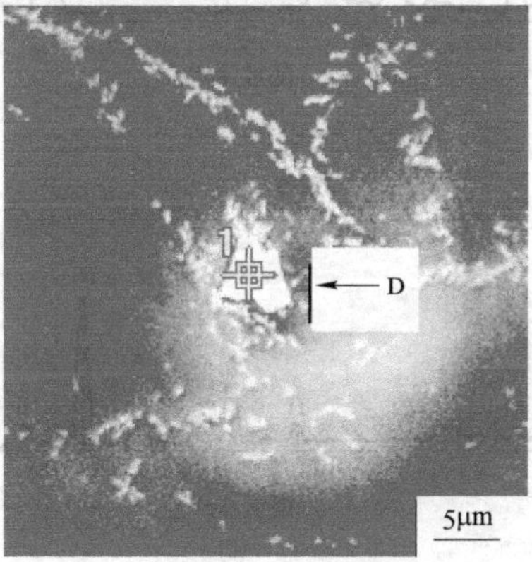

(d)

图3-5 合金组织中的碳化物

(a)MC碳化物；(b)M_6C碳化物；(c)$M_{23}C_6$碳化物；(d)MC碳化物

（M主要是Ti），链状碳化物是M_6C和$M_{23}C_6$型（M主要是Cr、Mo），见表3-5，合金组织中的碳化物成分分析如图3-6所示。实验测得$M_{23}C_6$为面心立方结构，其点阵常数为1.072～1.074nm，相的组成结构式为（$Ni_{0.055}Fe_{0.004}Cr_{0.816}W_{0.027}Mo_{0.099}$）$_{23}C_6$，MC相的组成结构式为（$Cr_{0.102}W_{0.019}Mo_{0.069}Ti_{0.811}$）C。表3-6为不同情况下碳化物在实验合金中的含量。

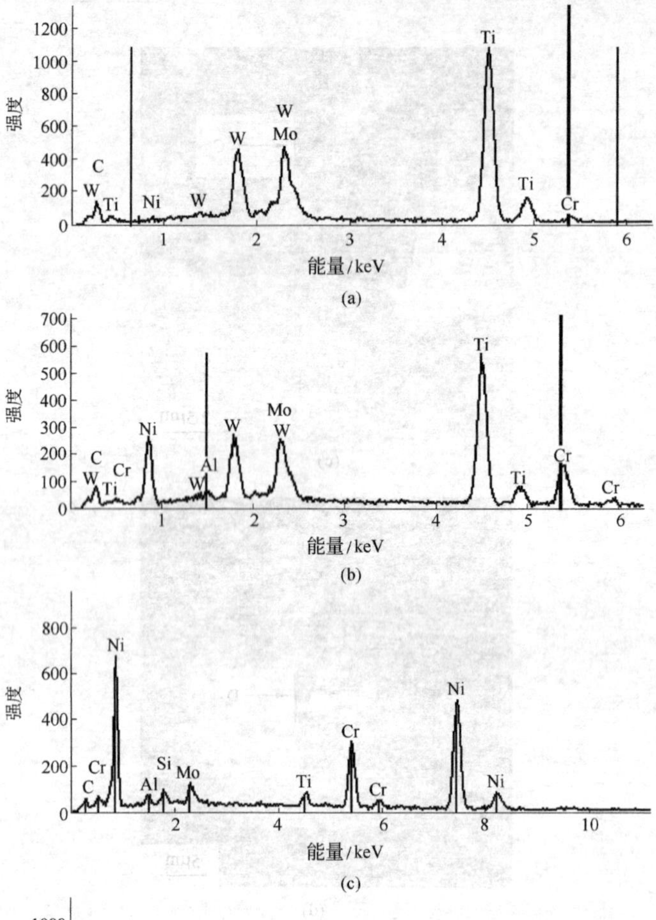

图 3-6　合金组织中的碳化物成分分析

（a）碳化物 A 成分分析；（b）碳化物 B 成分分析；

（c）碳化物 C 成分分析；（d）碳化物 D 成分分析

表 3-5　实验合金中的碳化物的 EDS 分析结果（质量分数）（%）

位置	Ti	Al	Cr	Mo	W	Ni	相
A	48.12	—	1.31	7.72	4.73	1.98	MC
B	26.91	0.54	10.02	11.82	13.24	30.55	M_6C
C	2.93	1.58	18.04	3.8	3.27	66.27	$M_{23}C_6$
D	43.63	—	3.35	20.92	15.78	4.40	MC

注：在高温合金的 EDS 分析中，由于无法测量 C 含量，往往根据合金元素相对含量判断碳化物类型，如 Ti 含量高为 MC 碳化物，Cr、W、Mo 含量高为 $M_{23}C_6$ 或 M_6C。

表 3-6　碳化物占合金的质量分数　（%）

项目		Ni	Cr	Mo	W	Ti	ΣM
铸件本体	MC $M_{23}C_6$ M_6C	0.13	0.3	0.10	0.12	0.09	0.74
试样铸态	MC $M_{23}C_6$ M_6C	0.05	0.05	0.10	0.09	0.12	0.41
试样热处理	MC $M_{23}C_6$ M_6C	0.04	0.28	0.06	0.07	0.07	0.52

3.3　热处理对新型镍基铸造高温合金组织和性能的影响

3.3.1　热处理对合金组织的影响

3.3.1.1　固溶热处理

固溶热处理的作用是使合金具有合适的晶粒度，同时使合金中的各相得到一定程度的溶解，以便在时效过程中获得所要求的各相，即将铸态粗大 γ′相颗粒全部或部分固溶后在空冷过程中析出更细小的 γ′相颗粒，以提高合金的高温强度。通常铸造合金固溶温度范围为

1110~1210℃。合金的固溶温度愈高，铸态粗大γ′相固溶得愈多，固溶处理后析出细γ′相的量愈多，合金强度愈高。当固溶处理温度使合金中全部粗大γ′相固溶时，这种固溶处理称为完全固溶热处理，否则就称为不完全固溶热处理。选用哪一种固溶热处理，由合金的用途来决定，一般为了获得较高的高温强度则采用完全固溶处理，而为了获得一定的高温强度并兼有良好的塑性，则合金采用不完全固溶处理。除此之外，通常铸造合金采用不完全固溶处理，其原因还在于铸造高温合金中含有γ+γ′共晶组织和M_3B_2低熔点硼化物相，γ+γ′共晶相的熔化温度约为1250℃，M_3B_2相的熔化温度为1220℃，从而使铸造高温合金的初熔温度大大降低。而为进行完全固溶热处理，使铸态γ′相全部固溶，一般固溶温度必须高于1250℃，此时铸造合金已发生初熔，这是合金热处理所不允许的[1]。

在完全固溶热处理过程中，铸态组织的显微偏析（即成分和组织的不均匀性）减少枝晶间偏聚元素Ti、Al等向枝晶干扩散，而Cr、W、Mo等偏聚于枝晶干的元素则向枝晶间隙扩散，且随着固溶温度升高，时间延长，偏析消除得愈好，但在不完全固溶处理下，这种铸态显微偏析难以消除。

在固溶处理过程中，除γ′相固溶外，还有碳化物的分解和析出，MC一次碳化物缓慢分解，并析出$M_{23}C_6$和M_6C二次碳化物，后者以颗粒状或针状分布于晶界和晶内的残余MC周围。

3.3.1.2 时效热处理

铸造高温合金直接时效热处理的作用是提高合金的中温持久性能并减小性能的波动。时效处理温度一般为800~950℃，时间为5~30h，时效处理温度低则时间长，时效处理温度高则时间短。时效处理过程中，铸态粗大γ′相不发生变化，只是细γ′相析出于粗大γ′相之间的γ相基体内，另外晶界析出$M_{23}C_6$和M_6C二次碳化物颗粒。正是这些变化，对合金的中温强化起着一定作用。

3.3.1.3 固溶+时效热处理

铸造合金通过完全固溶处理后，合金强度提高了，但是塑性明显下降，因此目前一些高强度铸造高温合金，为了获得优良的综合性能，既有很高的强度，又有一定的塑性，合金固溶后应跟着进行时效处理。时效处理分一级、二级和三级，一级时效处理温度仍为800～950℃，二级时效处理分为高温时效1050～1080℃和低温时效760℃，三级时效处理一般为(1050～1080℃)+(800～950℃)+760℃，由于二级和三级时效处理后，合金中既有粗大γ′相又有细小γ′相弥散析出，使合金具有最佳的综合性能。

图3-7所示为不同热处理制度下合金的组织变化特征及组织形貌，MC碳化物基本没有变化（图3-7（b）除外）。图3-7(h)～(j)为不同固溶时间下合金的金相组织。从图3-7中可以看出，固溶时间对其组织的影响不是很大。图3-7(k)～(n)为1170℃×4hAC处理后不同时效温度下合金的金相组织，图3-7(o)～(q)为不同时效处理时间对其组织的影响。时效处理对显微组织的影响不大，只是晶内γ′相颗粒的长大和体积分数的增加。经1130～1210℃固溶处理后的组织中，有粗细两种尺寸的γ′相（见图3-4（b）），即均为不完全固溶处理。固溶处理时，HIP状态下的部分γ′相固溶，冷却后以更细的γ′相形态析出，但仍保留部分未固溶的粗γ′相，结果形成尺寸悬殊的粗细两种γ′相混合组织。随着固溶温度的提高，固溶的γ′相的量增多。其中1170℃固溶处理时，晶界由块状MC碳化物、颗粒状$M_{23}C_6$和M_6C碳化物以及γ′相组成，晶界呈链状咬合状，如图3-4（b）所示。这种晶界形态将对中温性能产生有利影响[5]。

3.3.2 热处理对合金性能的影响

表3-7给出了不同热处理制度对实验合金机械性能的影响，其中Heat1（热处理制度代号，以Heat表示）为铸态下合金的力学性能。实验数据表明，实验合金经各种热处理后的室温抗拉强度、屈服强度和高温抗拉强度、屈服强度均高于铸态。Heat5制度热处理后的合金与铸态相比，室温抗拉强度增加了133MPa，屈服强度增加了57MPa，500℃高温抗拉强度增加了53MPa，屈服强度增加了48MPa，但拉伸塑性无明显变化。合金经单一的HIP处理后（Heat2），拉伸塑性最低。

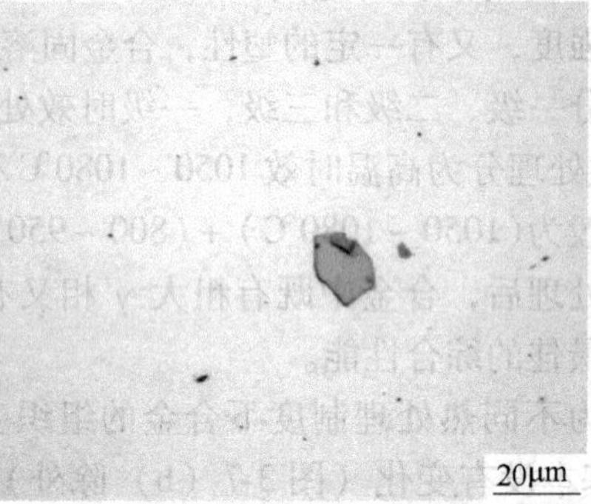

(a)

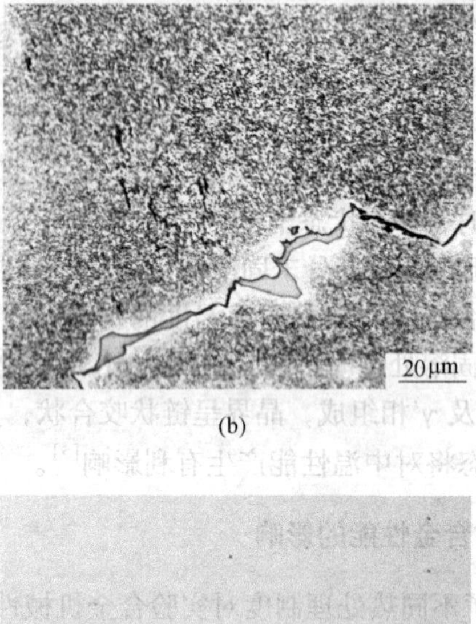

(b)

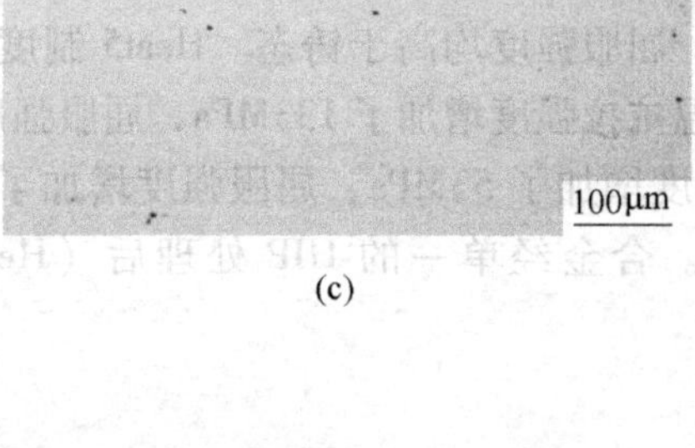

(c)

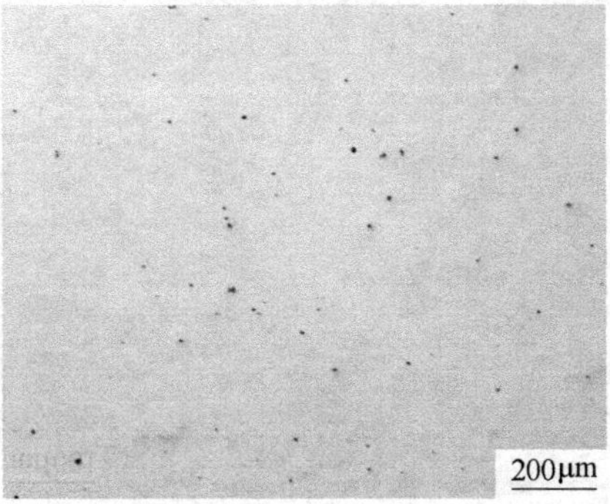

(d)

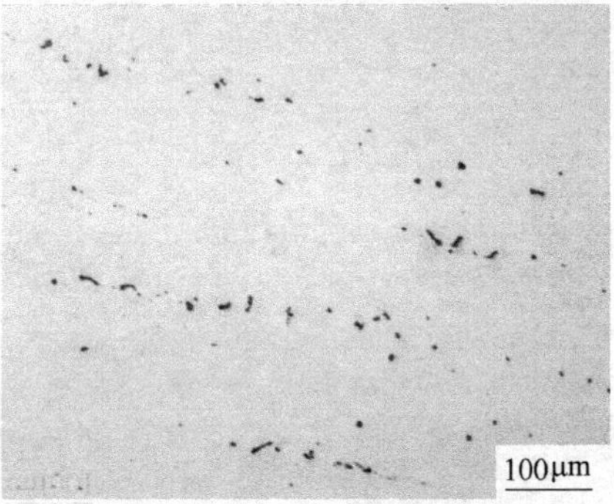

(e)

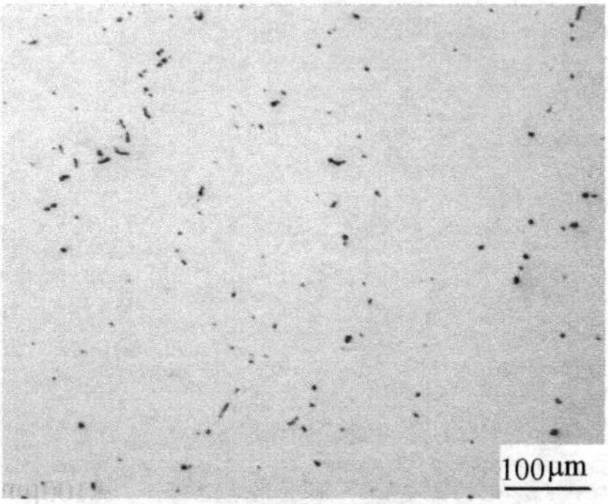

(f)

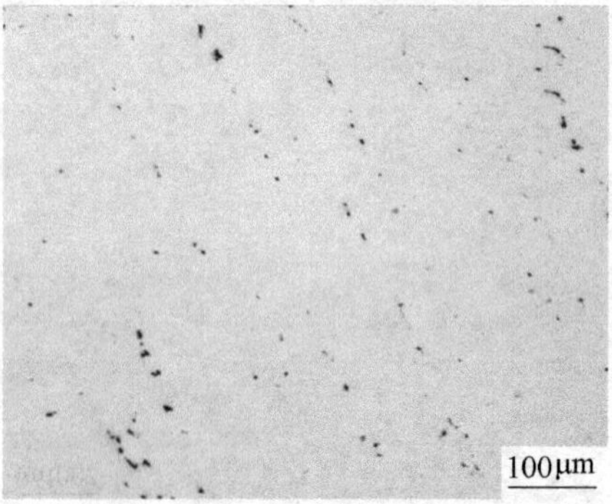

(g)

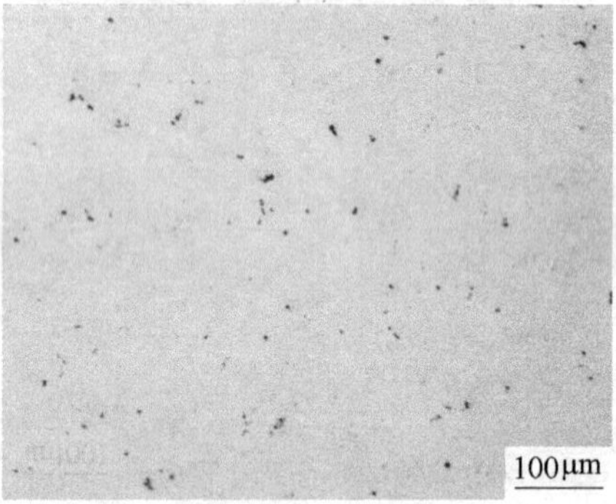

(h)

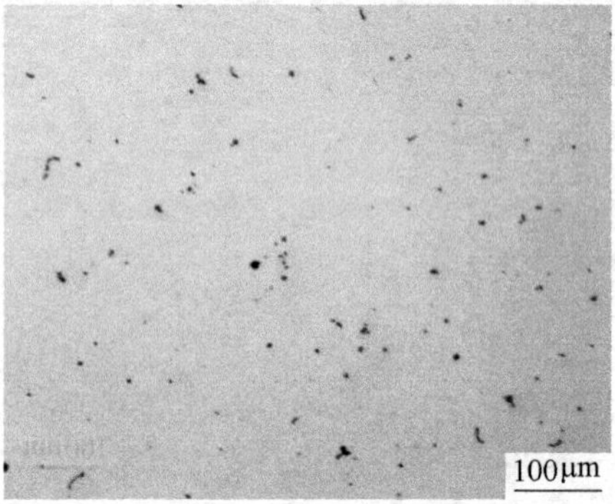

(i)

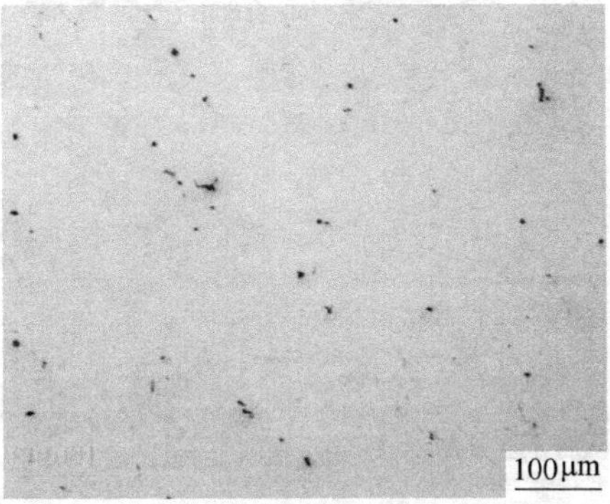

(j)

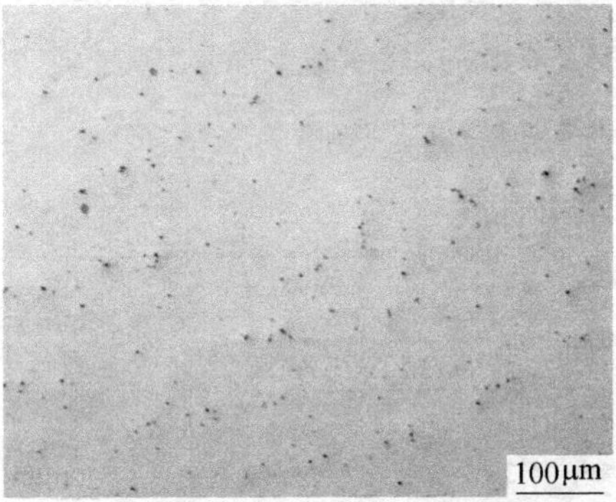

(k)

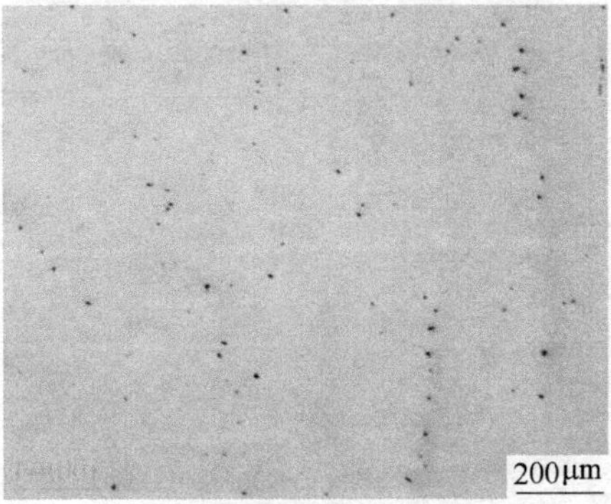

(l)

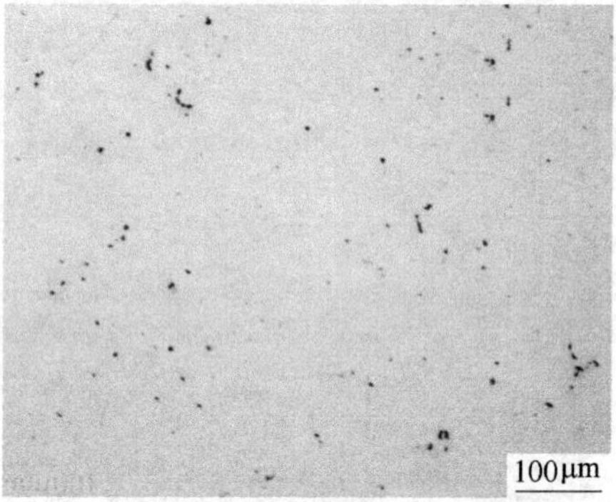

(m)

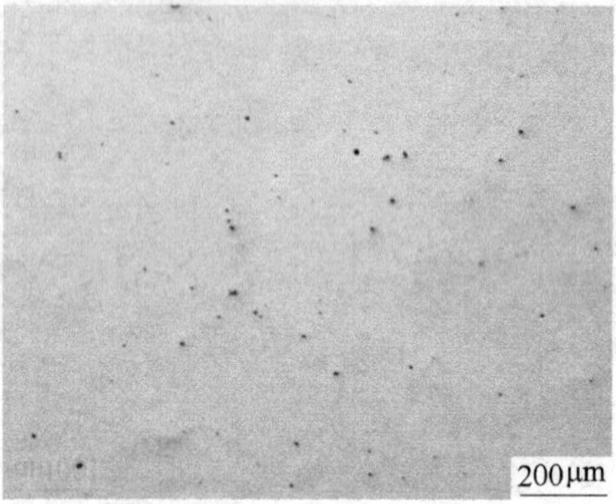

(n)

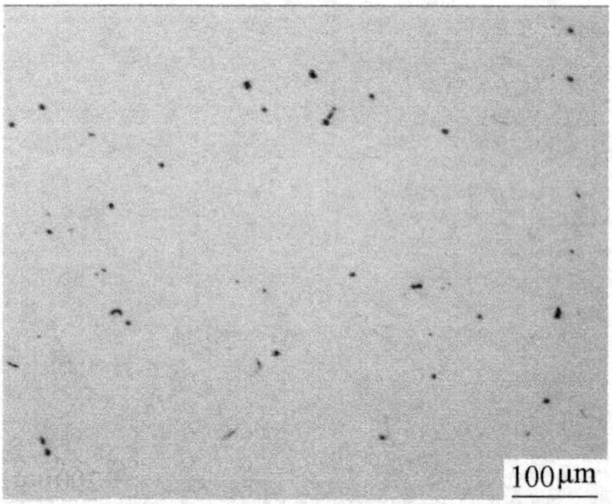

(o)

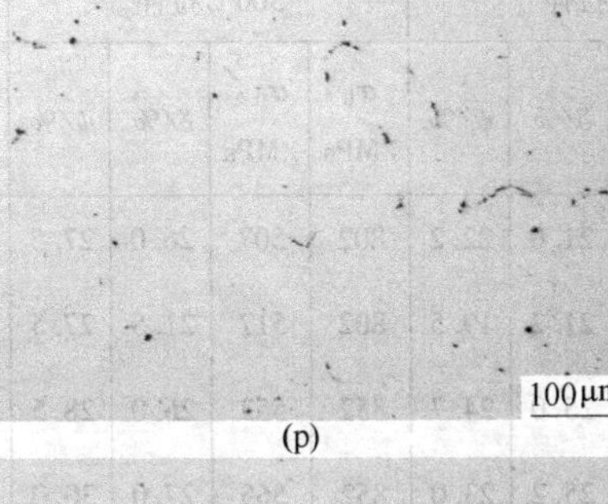

(p)

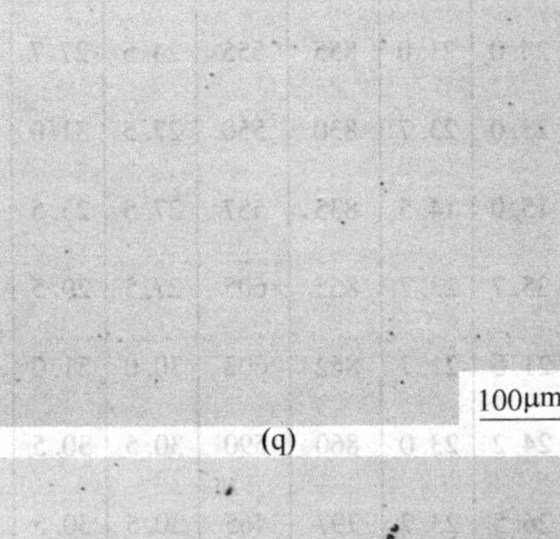

(q)

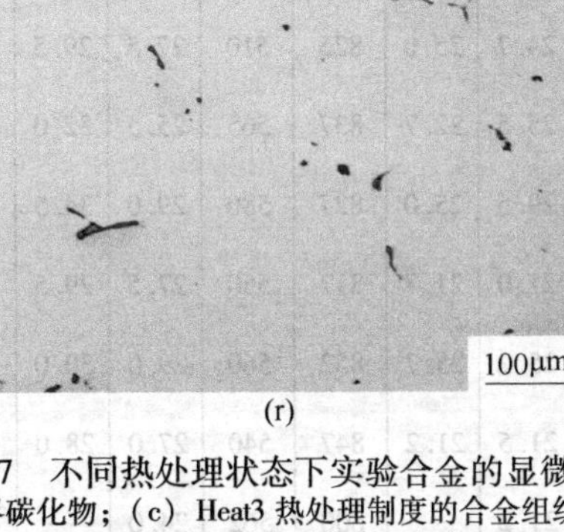

(r)

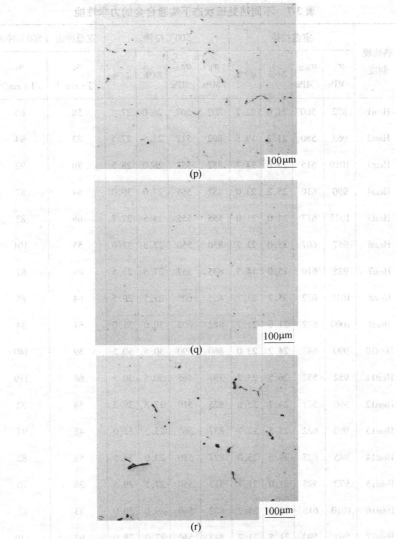

图 3-7　不同热处理状态下实验合金的显微组织

（a）铸态；（b）晶界碳化物；（c）Heat3 热处理制度的合金组织；（d）Heat4 热处理制度下的合金组织；（e）Heat5 热处理制度下的合金组织；（f）Heat6 热处理制度下的合金组织；（g）Heat7 热处理制度下的合金组织；（h）Heat8 热处理制度下的合金组织；（i）Heat9 热处理制度下的合金组织；（j）Heat10 热处理制度下的合金组织；（k）Heat11 热处理制度下的合金组织；（l）Heat12 热处理制度下的合金组织；（m）Heat13 热处理制度下的合金组织；（n）Heat14 热处理制度下的合金组织；（o）Heat15 热处理制度下的合金组织；（p）Heat16 热处理制度下的合金组织；（q）Heat17 热处理制度下的合金组织；（r）Heat18 热处理制度下的合金组织

表3-7 不同热处理状态下实验合金的力学性能

热处理制度	室温拉伸				500℃拉伸				室温冲击	500℃冲击
	σ_b /MPa	$\sigma_{0.2}$ /MPa	δ/%	ψ/%	σ_b /MPa	$\sigma_{0.2}$ /MPa	δ/%	ψ/%	a_k /J·cm^{-2}	a_k /J·cm^{-2}
Heat1	892	560	21.0	22.2	802	507	26.0	27.5	58	65
Heat2	963	580	21.2	19.5	802	517	21.5	27.5	83	94
Heat3	1010	615	25.0	24.7	852	552	26.0	28.5	70	92
Heat4	990	610	25.2	23.0	852	565	27.0	30.0	64	87
Heat5	1025	617	24.0	21.0	855	555	24.5	27.7	66	83
Heat6	957	607	23.0	23.7	830	550	27.5	31.0	55	101
Heat7	925	610	15.0	14.5	835	557	27.5	25.5	48	81
Heat8	1015	652	25.7	23.7	865	605	27.5	29.5	64	86
Heat9	1000	672	21.0	21.7	862	605	30.0	31.0	61	84
Heat10	990	642	24.2	23.0	860	590	30.5	30.5	59	140
Heat11	952	532	26.5	23.7	797	465	30.5	30.5	68	119
Heat12	990	577	24.7	25.0	825	510	27.5	29.5	58	92
Heat13	990	622	25.5	22.7	837	565	25.5	32.0	48	94
Heat14	985	627	29.5	25.0	827	580	29.0	34.5	58	82
Heat15	972	595	21.0	21.7	817	550	27.5	29.5	36	70
Heat16	1010	615	25.2	25.7	852	560	29.0	30.0	33	62
Heat17	967	590	21.5	21.2	847	540	27.0	28.0	67	110
Heat18	973	635	21.2	—	800	562	24.0	—	42	50

图3-8为不同固溶温度处理下（Heat3、Heat4、Heat5、Heat6、Heat7），对实验合金力学性能的影响。结果表明，Heat5处理后的合金具有最高的室温和500℃高温抗拉强度，不同固溶温度下合金的室

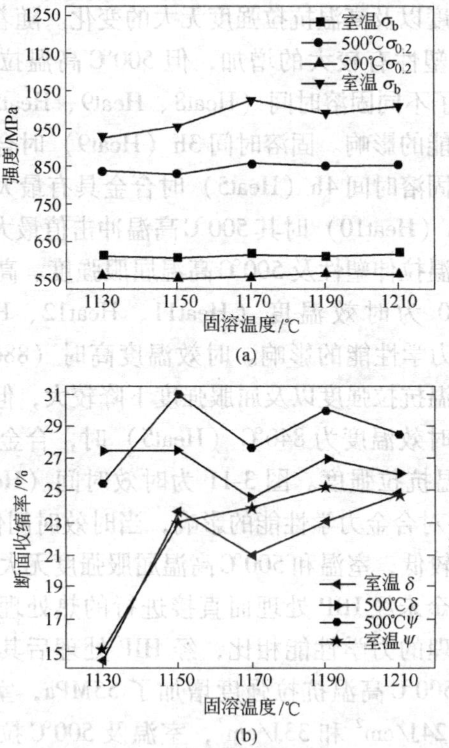

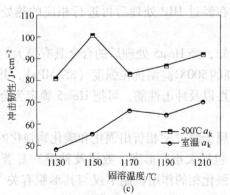

图 3-8　固溶温度对实验合金室温及500℃拉伸性能的影响

（a）固溶温度对合金强度的影响；（b）固溶温度对合金断面收缩率、延伸率的影响；

（c）固溶温度对合金冲击韧性的影响

温和高温屈服强度以及高温抗拉强度无大的变化。随着固溶温度的增高，其室温拉伸塑性有较大的增加，但500℃高温拉伸塑性变化不大。图3-9表明了不同固溶时间（Heat8、Heat9、Heat5、Heat10）对实验合金力学性能的影响。固溶时间3h（Heat9）时合金具有最大的高温抗拉强度，固溶时间4h（Heat5）时合金具有最大的室温抗拉强度，固溶时间5h（Heat10）时其500℃高温冲击值最大。不同的固溶时间下合金的室温拉伸塑性及500℃高温屈服强度、高温抗拉强度变化不大。图3-10为时效温度（Heat11、Heat12、Heat5、Heat13、Heat14）对合金力学性能的影响。时效温度高时（880℃，Heat11），合金的室温和高温抗拉强度以及屈服强度下降较大，但其室温和高温的冲击值最大，时效温度为840℃（Heat5）时，合金仍具有最高的室温和500℃高温抗拉强度。图3-11为时效时间（Heat15、Heat16、Heat5、Heat17）对合金力学性能的影响，当时效时间低于8h时，合金的室温冲击值较低，室温和500℃高温屈服强度无大的变化。

Heat18为合金未经HIP处理而直接进行的热处理，与经HIP处理后再进行热处理的力学性能相比，经HIP处理后其室温抗拉强度增加了52MPa，500℃高温抗拉强度增加了55MPa，室温和500℃冲击值分别增加了24J/cm^{2}和33J/cm^2，室温及500℃拉伸塑性变化不大。可见，合金在经过HIP处理后再进行相应的热处理可提高合金的力学性能。

综上分析可知，经Heat5处理后的合金具有最大的室温抗拉强度（1025MPa）和高的500℃高温抗拉强度（855MPa），并具有很好的室温和高温拉伸塑性以及冲击性能，可把Heat5确定为合金的最佳热处理工艺。

由于该合金属于通过γ′相析出强化和碳化物强化的合金。γ′相和碳化物的形貌（包括大小、形态、数量及种类）显著影响合金的性能。位错与这些强化相的作用机制不仅与其形貌有关[6,7]，还与温度有关[8~10]。低温下，屈服变形的激活能为零，变形以位错切割γ′相粒子为主；高温下屈服变形的激活能较高，属扩散控制过程，变形以位错绕过γ′相粒子为主。当γ′相析出尺寸非常小时，位错切过机制占主导作用；当γ′相析出尺寸较大时，位错绕过机制占主导作用。

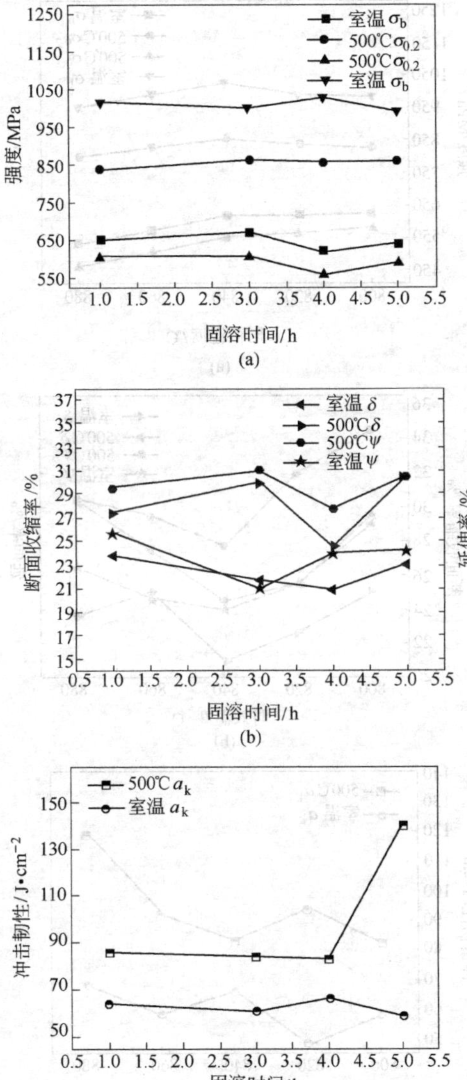

图 3-9 固溶时间对实验合金室温及500℃拉伸性能的影响

(a) 固溶时间对合金强度的影响；(b) 固溶时间对合金断面收缩率、延伸率的影响；(c) 固溶时间对合金冲击韧性的影响

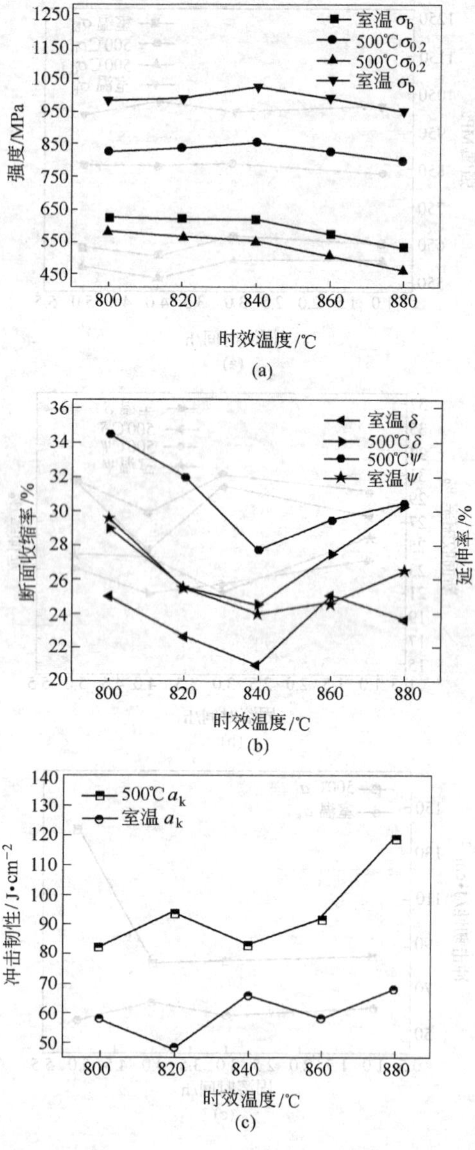

图 3-10 时效温度对实验合金室温及 500℃ 拉伸性能的影响

(a) 时效温度对合金强度的影响；(b) 时效温度对合金断面收缩率、延伸率的影响；

(c) 时效温度对合金冲击韧性的影响

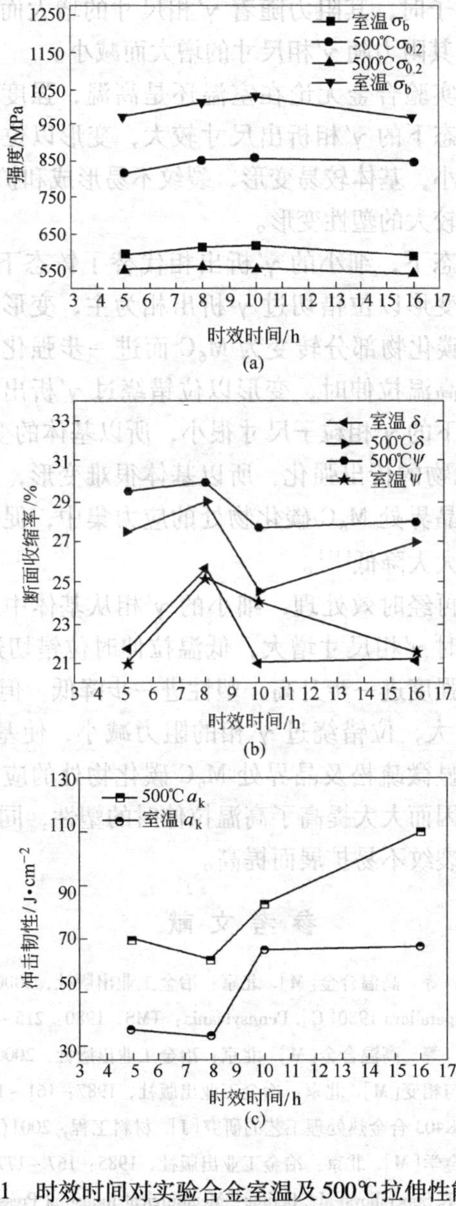

图 3-11 时效时间对实验合金室温及 500℃拉伸性能的影响

（a）时效时间对合金强度的影响；（b）时效时间对合金断面收缩率、延伸率的影响；（c）时效时间对合金冲击韧性的影响

位错切割γ′相粒子时，其阻力随着γ′相尺寸的增大而增大；位错绕过γ′相粒子时，其阻力随γ′相尺寸的增大而减小。

在铸态下，实验合金无论在室温还是高温，强度较低，塑性较高，这是因为铸态下的γ′相析出尺寸较大，变形以位错绕过机制为主，变形阻力较小，基体较易变形，裂纹不易形成和扩展，因而断裂前就有可能发生较大的塑性变形。

固溶处理状态下，细小的γ′析出相代替了铸态下的粗大γ′相，在室温拉伸时，变形以位错切过γ′析出相为主，变形阻力较大，基体同时由于MC碳化物部分转变为M_6C而进一步强化，因而强度提高，塑性降低；高温拉伸时，变形以位错绕过γ′析出相为主，且由于固溶处理状态下的γ′相粒子尺寸很小，所以基体的变形阻力很大，再加上M_6C碳化物的析出强化，所以基体很难变形，这样就增加了铸造显微疏松及晶界处M_6C碳化物处的应力集中，促进了裂纹的扩展，因而使塑性大大降低[11]。

固溶处理后再经时效处理，细小的γ′相从基体中充分析出，体积分数增大，同时γ′相尺寸增大，低温拉伸时位错切过γ′相的阻力大大增加，因此强度进一步升高，塑性进一步降低。但高温拉伸时由于γ′相尺寸的增大，位错绕过γ′相的阻力减小，使基体变形容易，这就降低了铸造显微疏松及晶界处M_6C碳化物处的应力集中，延缓了裂纹的扩展，因而大大提高了高温拉伸时的塑性，同时高温拉伸时的断裂强度也因裂纹不易扩展而提高。

参考文献

[1] 黄乾尧，李汉康，等．高温合金[M]．北京：冶金工业出版社，2000：134～145.
[2] Strangman T E. Superalloys 1980[C]. Pennsylvania：TMS，1980：215～217.
[3] 黄乾尧，李汉康，等．高温合金[M]．北京：冶金工业出版社，2000：65～68.
[4] 肖纪美．合金相与相变[M]．北京：冶金工业出版社，1987：161～163.
[5] 韩梅．细晶铸造K403合金热处理工艺的研究[J]．材料工程，2001(10):45～47.
[6] 陈国良．高温合金学[M]．北京：冶金工业出版社，1985：167～177.
[7] Huang Q Y，Li H K. Superalloys[M]. Beijing：Metallurgical Industrial Press，2000：143～145.
[8] Jensen R R，Tien J K. Temperature and strain rate dependence of stress-strain behavior in a Nickel-base superalloy[J]. Metall Trans A，1985，16：1049～1068.

[9] Milligan W W, Antolovich S D. Yielding and deformation behavior of the single crystal superalloy PWA1480[J]. Metall Trans A, 1987, 18: 85 ~95.

[10] Dirk B, Werner O, Josef Z. Temperature dependence of yield strength and elongation of the Nickel-base superalloy IN738LC and the corresponding microstructural evolution[J]. Z Metallkd, 1995, 86(3):190 ~197.

[11] 殷凤仕，孙晓峰，侯贵臣，等. 热处理对 M963 合金显微组织和拉伸性能的影响[J]. 稀有金属材料与工程，2004(1):23 ~26.

第 4 章　镍基铸造高温合金的性能

准确的物理性能和力学性能数据是材料制备、热过程控制、热结构设计计算以及材料选用和零件结构设计的基础，因此对实验合金开展物理性能和力学性能研究十分必要。高温合金力学性能检测项目有室温及高温拉伸性能和冲击韧性，高温持久及蠕变性能，硬度，高周和低周疲劳性能，蠕变与疲劳交互作用下的力学性能，抗氧化和抗热腐蚀性能。为了说明合金的组织稳定性，不仅对合金铸态、加工态或热处理状态进行上述力学性能测定，而且合金经高温长期时效后仍需进行相应的力学性能测定。高温合金物理常数的测定通常包括密度、熔化温度、比热容、热膨胀系数和热导率等[1~7]。

本章在各种工艺参数稳定的情况下，对实验合金的熔化温度、热膨胀系数、硬度、密度等物理性能及抗氧化性能进行全面测试；对不同温度的拉伸断裂性能、持久强度与时间的关系等进行分析研究；同时对700℃高温下，不同应力值的高温蠕变性能和600℃、700℃、750℃、800℃和850℃高周旋转弯曲疲劳极限等进行测试分析；并开展实验合金的焊接性能试验研究，以进一步完善该合金的全面研究工作。

4.1　物理性能

4.1.1　物理性能实验方法简介

加工制取 ϕ2mm × 3mm 的柱形试样，在法国 SETARAM 公司的“综合高温热分析 TGA92”上进行差热分析实验，测定合金的熔化温度范围。

加工制备 ϕ6mm × 10mm（端面磨光）试样，在美国 DMA7 膨胀仪上测定线膨胀系数。

用液体静力称量法测量密度，试样尺寸为 10mm × 10mm × 20mm，

表面粗糙度 $Ra=0.8\mu m$，测试结果取三次平均值。

热导率用非稳态法测量。

用滴落式铜卡计法测试比热容 c_p，测试装置为真空自动绝热控制铜量热仪。

热扩散率的测试采用激光脉冲法，测定设备为微机运控激光热物性仪。

室温弹性模量测定采用悬丝耦合共振法（动力学法）。

4.1.2 测试结果分析

测试结果分析包括以下几个方面：

（1）合金的熔化温度范围。测试结果表明，合金的结晶温度范围为1305（固相线温度）~1360℃（液相线温度）。用该合金生产相应铸件的实验表明，合金具有良好的液态流动性和高的抗热裂性能，铸造工艺性能好，浇注过程可控性强。

（2）合金的线膨胀系数。测试结果见表4-1。

表4-1 实验合金的线膨胀系数

T/℃ \ $\alpha/10^6$℃$^{-1}$	20 ~ 100	20 ~ 200	20 ~ 300	20 ~ 400	20 ~ 500	20 ~ 600	20 ~ 700	20 ~ 800	20 ~ 900
α-1①	12.1	12.3	12.7	13.4	13.8	14.3	15.0	15.6	16.7
α-2②	11.3	11.8	12.2	13.3	13.7	14.1	14.6	15.0	16.0

①原始铸态；②原始铸态+热等静压+固溶+时效。

（3）实验合金的密度。测得实验合金的密度为 $\rho=8.36\text{g/cm}^3$。

（4）实验合金的热导率。测得结果见表4-2。

表4-2 实验合金的热导率

T/℃ \ W/m·k	20	100	200	300	400	500	600	700	800
λ-1①	8.6	9.9	11.3	13.1	14.7	16.6	18.7	20.7	22.9
λ-2②	8.4	9.5	10.9	12.7	14.3	16.1	18.0	19.9	22.2

①原始铸态；②原始铸态+热等静压+固溶+时效。

（5）实验合金的比热容。测得结果见表4-3和表4-4。

表4-3 实验合金的平均比热容

T/℃	20~100	20~200	20~300	20~400	20~500	20~600	20~700	20~800
c_p/J·(g·℃)$^{-1}$	0.426	0.437	0.448	0.459	0.470	0.481	0.492	0.503

表4-4 实验合金的比热容

T/℃	20	100	200	300	400	500	600	700	800
c_p/J·(g·℃)$^{-1}$	0.421	0.437	0.459	0.481	0.503	0.524	0.546	0.568	0.590

（6）实验合金的热扩散系数。测得结果见表4-5。

表4-5 实验合金的热扩散率

T/℃	25	100	200	300	400	500	600	700	800
Q-1/10^{-6}m^2·s^{-1}①	2.45	2.70	2.95	3.25	3.50	3.80	4.10	4.35	4.65
Q-2/10^{-6}m^2·s^{-1}②	2.40	2.60	2.85	3.15	3.40	3.68	3.95	4.20	4.50

①原始铸态；②原始铸态+热等静压+固溶+时效。

（7）实验合金的弹性模量。测得结果见表4-6。

表4-6 实验合金的弹性模量

T/℃	20	100	200	300	400	500	600	700
E_{GPa}-1①	192	189	177	165	159	148	138	134
E_{GPa}-2②	185	180	173	168	157	141	135	130

①原始铸态；②原始铸态+热等静压+固溶+时效。

4.2 抗氧化性能

4.2.1 实验方法简介

按GB/T 13303—1991钢的抗氧化性能测定方法，用增重法对实验合金进行测定。测定氧化速度时按式（4-1）计算：

$$K_+ = (m_{1+} - m_{0+})/S_0 \cdot t \tag{4-1}$$

式中 K_+——单位面积单位时间质量的变化，g/(m^2·h)；

m_{1+}——试验后试样和坩埚的质量，g；

m_{0+}——试验前试样和坩埚的质量，g；

S_0——试样原表面积，m^2；

t——时间，h。

4.2.2 结果分析

选取550℃、700℃、900℃、1000℃ 4个温度值，持续时间选取100h，氧化速率测量结果见表4-7。结果表明，由于实验合金中铬含量较高，因此合金具有较高的抗氧化性能。

表4-7 实验合金的氧化速率

T/℃	550	700	800	900	1000
氧化速率/$g \cdot (m^2 \cdot h)^{-1}$	0.019589	0.019886		0.28133	0.25611

注：开始剧烈形成氧化皮的温度为1000℃。

需要说明的是，当进行差热分析实验时，在无气体保护下加热，温度超过1000℃时，试样质量逐渐增加，同时出现氧化放热现象，据此可以判定，实验合金抗氧化使用温度为1000℃以下。

4.3 合金的力学性能

4.3.1 实验方法

为了分析研究实验合金的瞬时拉伸、持久、高温蠕变、冲击和条件疲劳极限等力学性能，用真空感应熔炼浇注ϕ800mm合金锭棒，试棒按该合金重熔工艺铸造。检验力学性能采用成型试棒，热处理后的试棒按GB/T 4338及GB/T 2039要求，经机械加工制成标准拉伸及冲击试样[8,9]，进行各种力学性能的测试研究。

采用HRS-150型硬度仪测定合金的洛氏硬度，取横断面不同点的三次测量平均值。

分别在AG-5000A型材料试验机上测定室温拉伸性能，在DCX-25T型高温试验机上测定高温拉伸性能，在ZD2-3型高温蠕变-持久试验机上测定高温蠕变-持久性能。高温拉伸及高温蠕变-持久实验期间，炉内温度偏差为±2℃。高温蠕变-持久实验期间，试样变形由安装于试验机上的千分表测量，灵敏度为 5×10^{-4}。所测力学性能为两个试样的平均值。

在 5000 转/分的旋转疲劳试验机上测试合金的疲劳极限。试样采用光滑疲劳试样，试样尺寸为 ϕ7.5mm × 180mm，温度选择 600℃、700℃、750℃、800℃和 850℃。存活率按 50% 估算，寿命标准周期为 10^7 次。

4.3.2 结果分析

4.3.2.1 合金的硬度

由于实验合金的硬度与 γ′强化相的含量及晶粒大小有关，我们考察了不同固溶温度下合金的硬度，见表 4-8。结果表明，随着固溶温度的升高，γ′相的析出量与固溶后的冷却介质有很大关系，甚至水冷都不能阻止 γ′相析出。γ′相标准析出总量 16%，固溶后析出 9% ~ 12%，合金硬度在 1100 ~ 1150℃ 大幅度下降。空冷的硬度高于水冷的硬度是因为空冷冷却速度低，产生了少量的析出相。不同冷却介质合金的硬度见表 4-9。

表 4-8 不同固溶温度合金的硬度

T(×2h WC)/℃	1040	1100	1120	1150	1180
HRC	20.65	20.8	15.5	9.43	7.37

表 4-9 不同冷却介质合金的硬度

冷却介质	HRC
1150℃ ×5h WQ	10.65
1150℃ ×5h AC	20.3

4.3.2.2 合金的瞬时拉伸性能

测试分析了 -196℃和 20 ~ 800℃ 5 个温度点的合金拉伸力学性能，结果见表 4-10，拉伸性能曲线如图 4-1 所示。研究结果表明，实验合金具有较高的拉伸强度和塑性，在 800℃仍具有近 740MPa 的拉伸强度，塑性也具有较高水平。700℃中温条件下，合金的强度水平为近 850MPa，拉伸塑性未出现“突降”现象，这从性能方面验证了实验合金冶炼工艺和热处理工艺的合理性。合金在 -196℃条件下的强度水平为1160MPa，拉伸塑性 δ 为18%，与室温下力学性能水平相近，表明实验合金在低温条件下组织性能稳定，是在液氧环境和较高温度条件下均可使用的多用途高温合金。

表 4-10 实验合金拉伸性能

状 态	温度/℃	σ_b/MPa	$\sigma_{0.2}$/MPa	δ/%	ψ/%
铸态	20	875	550	19.3	21.0
		909	570	22.7	23.4
	550	775	500	20.0	26.0
		705	460	16.0	23.0
	700	690	455	19.0	31.0
		760	465	16.0	19.0
Heat 2	-196	1150	725	16	18.0
		1160	730	18	17.5
	20	1030	620	23.5	21.0
		1020	615	24.5	21.0
	200	965	560	24	27
		985	605	25	26
	500	855	555	20.0	24.5
		855	555	29.0	31.0
	700	820	525	19.0	23.5
		850	525	17.0	23.0
	800	715	555	5.0	11.0
		740	555	7.5	11.0

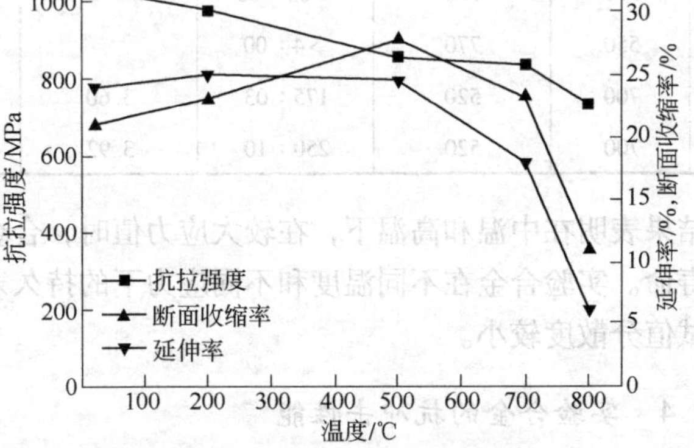

图 4-1 实验合金的拉伸性能曲线

4.3.2.3 合金的中、高温持久性能

为了充分分析研究合金的中、高温持久性能，选择550~1000℃温度区间7个温度，测试合金的持久强度性能，结果见表4-11，性能曲线如图4-2所示。

表4-11 实验合金的持久性能

热处理制度	温度/℃	持久极限/MPa				
		100h	300h	500h	1000h	10000h
Heat15	700	520	441	430	390	320
	750	400	330	320	300	220
	800	300	240	230	200	150
	850	200	150	140	130	80
	900	140	95	90	75	45
	950	70	50	45	35	20

状　态	温度/℃	σ/MPa	τ(h : m)	δ/%	ψ/%
铸态	700	520	65 : 50	7.84	7.79
	700	520	42 : 55	6.40	7.41
Heat15	550	640	>650		
	550	750	355 : 24	12.56	18.29
	550	765	>66 : 00		
	550	770	>4 : 00		
	700	520	175 : 03	3.60	3.92
	700	520	250 : 10	3.92	4.74

研究结果表明在中温和高温下，在较大应力值时，合金仍具有较高的持久寿命。实验合金在不同温度和不同应力下的持久寿命值是稳定的，测试值分散度较小。

4.3.2.4 实验合金的抗冲击性能

实验主要测试研究室温、中温和高温条件下合金的抗冲击韧性，

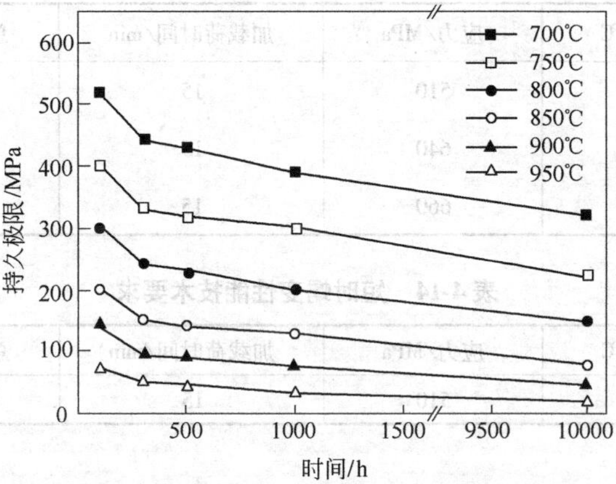

图 4-2　实验合金的持久强度

测试结果见表 4-12。

表 4-12　合金的冲击性能

T/℃	20	500	550	700	800	850
冲击韧性 /J·cm^{-2}	79.0 53.0	86.0 80.0	118.7 120.0	100.0 105.0	102.5 100.0	112.5 112.5

分析测试结果表明，实验合金试样的中温、高温抗冲击韧性较好，冲击吸收功值较高，所在中温和高温塑性较好，因此具有较好的抗裂纹扩展能力。实验合金材料对缺口不敏感，所以在最终铸件产品——叶片的榫槽设计上可以采用多槽和 V 形槽设计。

4.3.2.5　合金的蠕变性能

分析合金铸件的具体使用条件及合金的特点，主要研究了 700℃ 高温条件下合金在不同应力值下的蠕变变形量，结果见表 4-13。结果表明，蠕变的总变形量和残余变形量与应力的关系符合指数规律，这也验证了合金在此蠕变条件下组织较稳定。700℃ 的蠕变性能超过了设计技术要求（见表 4-14）。

表 4-13 合金的短时蠕变性能实测值

试验温度/℃	应力/MPa	加载荷时间/min	总伸长量/%
700	510	15	0.2863
700	640	15	0.7160
700	660	15	1.3740

表 4-14 短时蠕变性能技术要求

试验温度/℃	应力/MPa	加载荷时间/min	总伸长量/%
700	510	15	≤1.0

4.3.2.6 合金的疲劳极限

实验合金的疲劳极限测试结果见表 4-15。

表 4-15 合金的疲劳极限

热处理制度	温度/℃	疲劳极限/ $\times 10^7$ MPa
Heat2	600	313/343
	700	290/315
	750	315/330
	800	300/320
	850	275/294

分析测试结果表明，在 600 ~800℃的中温条件下，实验合金可具有最高的综合性能。

4.4 合金的焊接性能

根据实验合金静子使用现场出现铸件与变形 GH202 波纹管、套筒件焊接裂纹的情况，有针对性地模拟现场工作情况进行了试验。试验分为几个步骤，分别对铸件材料的热等静压条件下、固溶处理后、现场使用相应取位部分进行了焊接试验，下面介绍主要的试验工作情况。

4.4.1 现场取位部分的焊接试验

4.4.1.1 试样制备

用实验合金静子铸件实物解剖料，根据现场焊接取位取一块料，先进行模拟热等静压制度进行处理，制度如下：1170℃ ×2.5h，随炉缓冷（模拟热等静压后冷却状态），对加工后的试验料在焊接之前先进行X光探伤。经探伤后发现：试验料中心部分晶粒较粗大，但并未发现有裂纹存在。

4.4.1.2 模拟现场取位的焊接试验

铸件料与一块GH202合金轧板（厚2mm）对焊，焊接方法如下：先将冷轧板与铸件两端焊接固定，形成中心部分被约束情况，用氩弧焊枪对中心部位进行空烧一次，电流80A左右、电压11～12V且不加焊料，空烧后经宏观观察未发现裂纹。然后用GH642焊丝进行焊接，电流为100A左右，使铸件与轧板焊接成一体，再进行X光探伤检查。经上述步骤，焊接试样探伤检查未发现有明显裂纹存在。

4.4.2 不同状态铸件的焊接试验

选用经热等静压处理的一块铸件，经机械加工成厚度为5cm左右的薄板，并分割成两片，分别进行焊接试验，试验方法类似于前面的焊接，只是将焊接电流提高，并使整个铸件达到局部大面积红热态，并反复两次与轧板熔焊在一起，所采用的铸件样块，一块经热等静压处理；一块经热等静压1170℃ ×2.5h空冷固溶处理，其焊后结果如下：

经热等静压处理铸件，焊接使铸件发生一定的弯曲变形，在焊接断面处产生两条肉眼可见的横断裂纹，其形态呈贯穿性，并延及铸件内部。对经固溶处理后的铸件进行相同工艺的焊接情况表明：虽然经空烧及焊接使铸件两次达红热状态，使铸件板条也产生了弯曲变形，但在铸件本体上并未发现有裂纹产生。

4.4.3 不同状态铸件组织分析

4.4.3.1 对单纯热等静压实物件进行组织分析情况

取经热等静压处理实物进行金相分析，经过 HIP 后，铸件组织中出现大量针状、片状析出物，晶内晶界均有分布且晶界附近居多(见图 4-3(a))。对经进一步热处理后的铸件组织观察发现，铸件组织中，针、片状析出物仍然存在（见图 4-3(d)），说明 950℃ × 1h 随炉升至 1110℃ ×1.5h AC + 840℃ ×5.5h AC 的热处理制度并不能使析出产物完全溶解。而在未经热等静压处理的试样中并没有这些相。

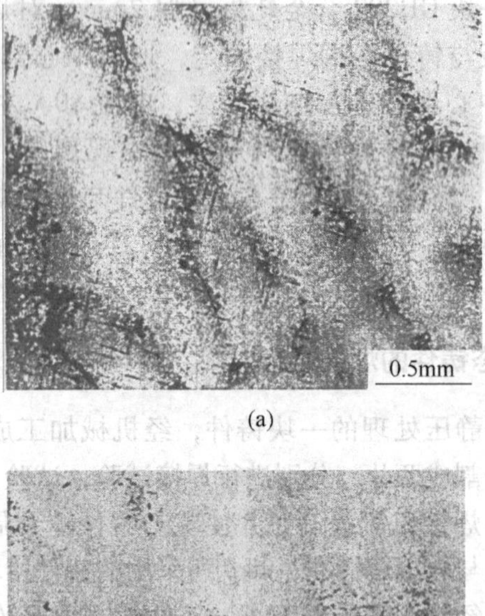

(a)

(b)

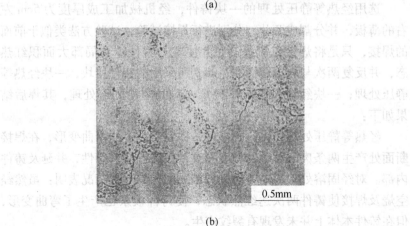

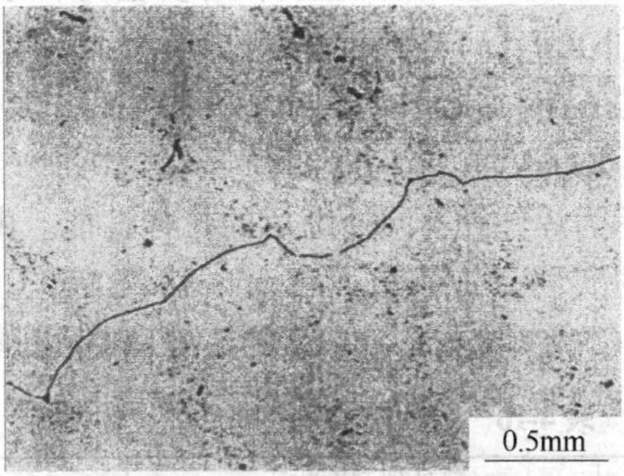

(c)

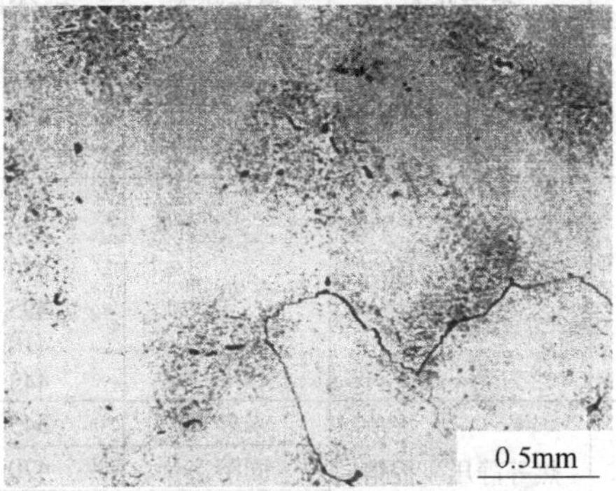

(d)

图 4-3 不同状态铸件金相组织照片

(a) HIP；(b) HIP + 1170℃ ×4h AC；(c) HIP + 1170℃ ×4h AC + 950℃ ×1h + 1110℃ × 1. 5h AC + 840℃ ×5. 5h AC；(d) HIP + 950℃ ×1h + 1110℃ ×1. 5h AC + 840℃ ×5. 5h AC

由于热等静压处理后的试样存在有针片状析出相，可能会造成合金的塑性下降、脆性增加。在进行机加工时，如果加工不当，就会造成表面过热产生机加工龟裂纹；组合焊接时，如果焊接工艺不合适，焊接热应力还会导致裂纹的产生。

4. 4. 3. 2 热等静压后铸件的固溶处理

为消除热等静压后铸件组织中针片状析出相的影响，对铸件实物进行固溶处理，处理工艺如下：1170℃ ×4h AC，对处理后的试件再次进行金相观察，原来遍布的大面积针片状析出物大部分消失，这说明铸件经1170℃ +4h AC固溶处理后，可使组织中的针状、片状析出物溶解，图4-3(b)和（c）所示为热等静压后1170℃ ×4h AC的金相照片。固溶处理在消除了铸件合金中的有害相后，其焊接过程中产生裂纹的倾向得到很好改善。

表4-16所示为焊件经不同处理后的拉伸性能。由表4-16分析可知，对焊接后的实物，为恢复其性能，可按950℃ ×1h随炉升至1110℃ ×1.5h AC +840℃ ×5.5h AC的热处理制度进行处理。

表4-16 焊件经不同处理后的拉伸性能

焊丝	厚度/mm	热处理制度状态		550℃拉伸	
		焊前状态	焊后状态	σ_b/MPa	δ/%
HGH642	5	热等静压+固溶	未处理	340	33
				580	35
				410	
				390	27
	5	热等静压+固溶（标准焊接）	未处理	460	40
				330	70
				470	40
				495	59
				410	33
				445	27
	3	热等静压+固溶（标准焊接）	未处理	345	44
			固溶态	470	35
			固溶+时效	650	
				590	13
	40	热等静压+固溶（标准焊接）	未处理	570	31
				515	47
			固溶态	605	48
				525	25
			固溶+时效	725	33
				705	55

通过以上试验和分析，可以得出以下结论：

（1）实验合金焊接采用氩弧焊接工艺，可使用实验铸造焊丝做填料进行。焊接时可进行实验铸件与GH202变形合金以及同类铸件焊接，并且都具有很好的焊接性能。

（2）铸件经热等静压后，组织中析出针片状有害相，使材料塑性下降，韧性降低，不利于焊接及加工。针状、片状析出物是造成铸件焊接时产生裂纹的主要原因。

（3）对经热等静压处理后的铸件，在焊接加工前应经过1170℃×4h AC处理，确保针状、片状析出物的溶解，消除有害相，提高合金塑性，使铸件容易焊接。

（4）焊接后的铸件要经过950℃×1h随炉升至1110℃×1.5h AC+840℃×5.5h AC的热处理，以此来调整铸件性能。

参考文献

[1] Betteridge W, Heslop J. The Nimonic Alloys[M]. London: Edward Arnord Lid. 1974: 1~35.

[2] 仲增墉，师昌绪．中国高温合金四十年发展历程[M]．北京：中国科学技术出版社，1996：3~14.

[3] 冯涤．20世纪高温合金的发展[C]//．钢铁研究总院99学术年会文集．北京：钢铁研究总院，1999：24~30.

[4] Sims C T, et al. Superalloy Ⅱ-high temperature materials for aerospace and industrial power[M]. New York: John wiley & Sons, Inc., 1987: 25~35.

[5] 冶军．美国镍基高温合金[M]．北京：科学出版社，1978：35~45.

[6] 陈国良．高温合金学[M]．北京：冶金工业出版社，1988：93~144.

[7] 黄乾尧，李汉康，等．高温合金[M]．北京：冶金工业出版社，2000：4~5.

[8] 中国钢标准化技术委员会．GB/T 4338 金属材料高温拉伸试验方法[S]．北京：中国标准出版社，2007.

[9] 中国钢标准化技术委员会．GB/T 2039 金属拉伸蠕变及持久试验方法[S]．北京：中国标准出版社，1998.

第5章 镍基单晶高温合金中氧、氮及硫的存在形态

镍基高温合金中氧、氮、硫的含量及存在形态对其性能有很大影响。许多研究结果表明，氧化物夹杂在高温合金的母合金中由于成核作用的晶体缺陷，影响单晶铸件的屈服、蠕变、持久强度等性能[1]。氧化物夹杂（如 Al_2O_3 等）通常是高温合金零件疲劳裂纹的萌生地及扩展通道[2,3]。同时这些夹杂物还会成为核心，在单晶零件凝固过程中发展成为晶粒缺陷，如雀斑、高角度晶界、迷路晶等，导致合金的可铸性差。飞机发动机涡轮盘中 50μm 或更小的氧化物夹杂决定其疲劳寿命。美国特殊钢公司用 EBCHR 法将 Rene95、Merl76 和 IN718 中非金属夹杂物去除 50% ~90% 后，测试低周疲劳性能增加 9 倍。G. W. Meetham 等[4,5]研究提出，含有氧其质量分数将近 200×10^{-6} 的 Udimet500 的 800℃/172MPa 时持久寿命将减少一半，而且影响持久寿命的不是高温合金中溶解态的氧，而是以氧化物形式存在的夹杂物[6]。高温合金凝固时，碳化物还可以在氧化物形核上生成(Ti,Al)(O,C)形式的带有黑色氧化物核心的夹杂物[7~9]。Jones[10]的研究表明，当氧含量（质量分数）下降到 50×10^{-6} 以下时，高温合金的应力/断裂寿命显著增加。

关于氮对高温合金性能的影响方面，科学工作者也做了大量的工作，普遍认为镍基高温合金中的气孔和非金属夹杂的多少与氮的含量密切相关[11~15]。同时随氮含量的增加，合金中的气孔增加，碳化物的形状由汉字体状变成块状[14]，大大降低了合金的力学性能。部分氮可以溶解在 MC 和 M_6C 碳化物中，生成碳氮化物[16]。在一定碳含量的情况下，增加氮含量也导致碳氮化物这样的脆性相增加，从而降低了高温合金的塑性。Larson[17]发现在粉末冶金生产的 IN100 合金中生成碳氮氧化物薄膜，降低了合金的塑性，而且厚度越大降低越多。氮对高温合金的持久寿命和塑性有很大的影响。特别是对于铸造高温

合金，氮含量增加后中温持久性能急剧下降[18]。

Merica 和 Walenberg 首先发现，当镍中硫含量超过 50×10^{-6}时，对其1093℃的锻造性能有害。Yamaguchi 等人[19~22]发现质量分数为 $20\times10^{-6}\sim30\times10^{-6}$的硫对 IN600 合金性能有很大的影响，能谱分析表明是大量的硫偏聚到晶界上的原因。谢锡善等人[23]研究了硫在 GH169 中的作用，指出硫严重地促进 GH169 合金的偏析，显著降低终凝温度。虽然对室温和650℃拉伸强度尚无明显影响，但是明显降低650℃的拉伸塑性，特别是严重恶化持久性能。当硫含量超过 10^{-4}时，终凝温度可以从1140℃降低到1110℃，铸锭中心 Laves 相的数量几乎增加一倍。孙文儒等对 GH761 的研究表明，硫偏析于终凝区并降低终凝温度。Xie 等人研究 IN718 合金表明，硫对650℃的应力/断裂寿命和塑性明显有害。V. V. Wilfdo 等研究了硫对铸造 IN718 合金的影响，指出硫对室温和650℃的拉伸强度和塑性有害。硫促进凝固偏析和 Y 相（M_2SC）的析出[23]，影响合金的蠕变、持久强度等特性。硫能转化成非金属夹杂（如$(Ti,Ta)_xS$等），这些夹杂通常是疲劳裂纹的萌生地及扩展通道，硫能与钛等生成 M_2SC 化合物，这些片状化合物往往是裂纹源。刘奎等人[9]的研究结果表明，对 M17 合金将硫和氧含量从 20×10^{-6}降至 10×10^{-6}以下，材料的高温持久性能提高90%；对 K24 合金，高温促进了硫的热激活，使未弱化的晶界继续弱化，所以随硫含量的增加，高温合金的室温及900℃下的瞬时和持久性能均降低。

可见，了解镍基高温合金中氧、氮、硫的存在形态，对于采取相应措施提高镍基高温合金的性能具有十分重要的意义。本章主要讨论氧、氮、硫在本实验合金中的存在形态。

5.1 氧在镍基单晶高温合金中的存在形态

氧在高温合金中是作为微量杂质元素存在的，其存在形态有固溶及化合物两种形态。以固溶态存在的氧对高温合金的性能基本无影响，而以夹杂物形态存在的氧对高温合金的性能具有很大的影响。由于镍基高温合金中通常含有铝等强氧化物形成元素，所以即使合金中含有微量的氧，也会形成氧化铝等夹杂物。

通常在真空冶炼的条件下，高温合金中氧的浓度是很低的，一般小于50×10^{-6}。况且高温合金中含有铝、钛、碳等强的亲氧元素，这些元素与氧形成氧化物夹杂，由于这些夹杂物的密度小而且都不与液态金属润湿，一般在精炼搅拌时能浮出熔体，被过滤出去或生成一氧化碳以气体的形式排出。生成的一氧化碳通过异质形核产生气泡，进而产生沸腾现象，这不仅加快了脱氧，而且有利于脱氮。甚至可以将合金中的非金属夹杂物带出熔体。通常的情况是当氧的含量在饱和溶解度下时，以固溶形态存在；当氧的含量超过饱和溶解度时，则以化合物的形态存在。但由于偏析，即使氧的含量在溶解度以下，也会在晶界上形成氧化物。至于以哪一种化合物的形态存在，则要根据合金的成分来确定。

在本研究的镍基高温合金中，发现氧以Al_2O_3形态存在，如图5-1所示。

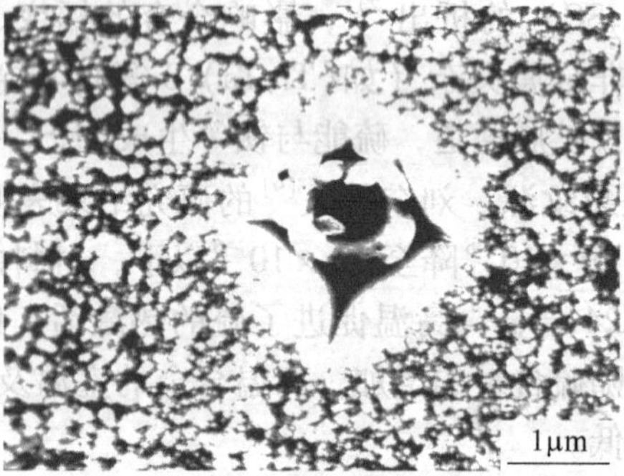

(a)

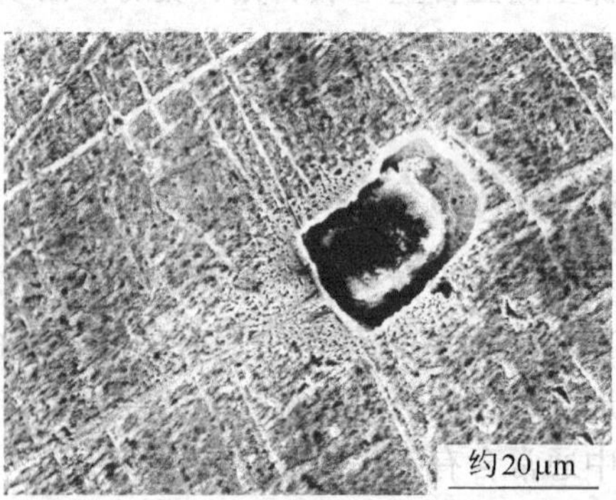

(b)

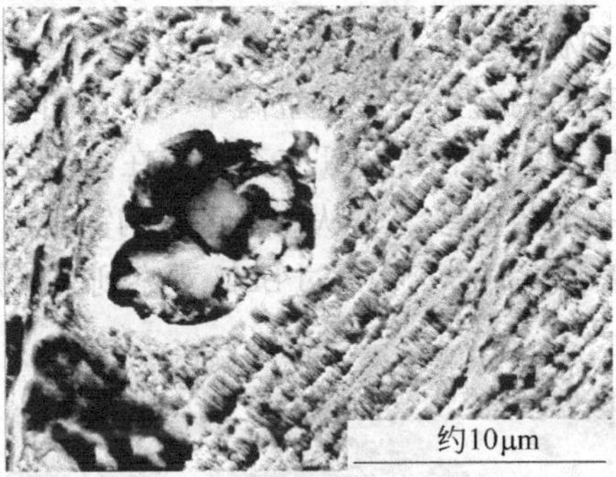

(c)

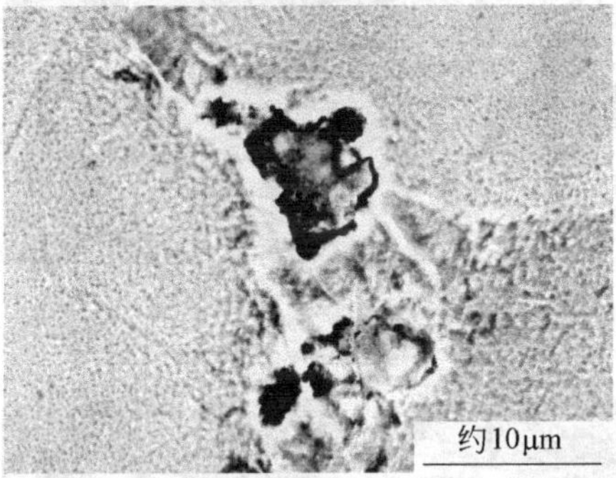

(d)

图 5-1 镍基高温合金中的 Al_2O_3

(a) 晶内小尺寸块状;(b) 晶内大尺寸块状;
(c) 晶内大尺寸破碎状;(d) 晶界块状

5.2 氮在镍基单晶高温合金中的存在形态

氮在高温合金中的存在形态有固溶态和化合物两种形态。当氮的含量在饱和溶解度以下时,以固溶形态存在;当氮的含量超过饱和溶解度时,则以化合物的形态存在。至于以哪一种化合物的形态存在,则要根据合金的成分来确定。在 1600℃、1.0×10^5Pa 下,氮在纯镍中的溶解度并不大,为 10^{-5}左右。但随合金元素的加入以及温度的升高,溶解度会增大,并且不管添加的是什么元素都遵守 Sievert 定律[24,25]。例如,在 1600℃、1.0×10^5Pa 时,氮在 Ni-8Cr 和 Ni-24Cr

中的溶解度分别增加至 10^{-4} 和 10^{-3}。凝固时，随温度的降低氮的溶解度也降低，从而析出氮生成气孔。合金中的气孔率，随钛的加入会大大减轻。当镍基高温合金中含氮量高于 TiN 在固相线温度的饱和溶解度时，就会形成粗大的初生 TiN 夹杂，它在高温合金中的含量甚至比氧化物夹杂高一个数量级[4]，从而严重影响镍基高温合金的力学行为。图 5-2 显示镍基高温合金中通过 SEM 观察到的碳氮化物和氮化物。

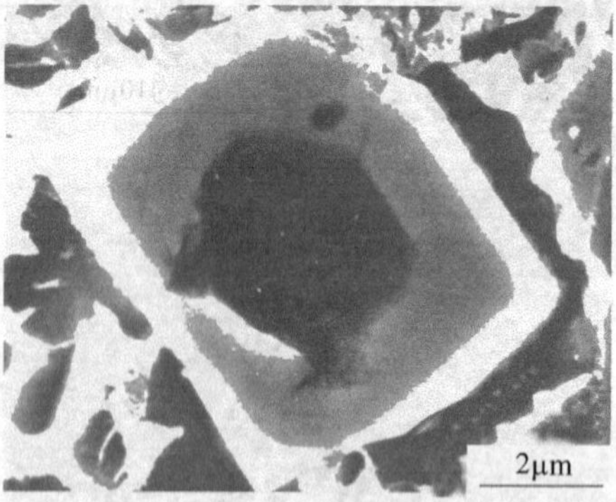

(a)

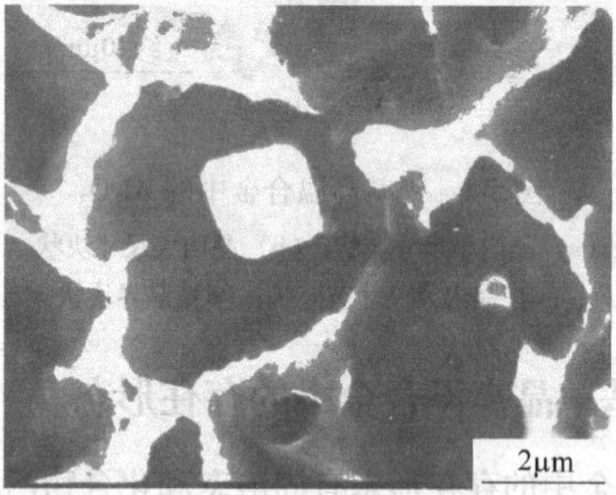

(b)

图 5-2 镍基高温合金中的碳氮化物和氮化物

(a) 中心(TaTi)CN，边缘 TiN；(b) TiN

5.3 硫在镍基单晶高温合金中的存在形态

硫在高温合金中的存在形态有固溶态及化合物两种形态。一是硫含量在饱和溶解度以下时，以固溶形态存在，这时硫一般易偏析于晶界，当没有强的硫化物形成元素的时候，硫的晶界偏析更严重。二是硫含量超过饱和溶解度时，则以化合物的形态存在。通常是和强的硫化物形成元素（如Ti，Zr，Nb，Ta，V，Mg，Ca，Ce，Mn等）在合金凝固过程中形成化合物。至于以哪一种化合物的形态存在，则要根据合金的成分来确定。在镍基高温合金中硫能与合金元素钛、碳等生成M_2SC化合物（*Y*相），这些片状碳化物往往是裂纹源。Wallace、Whelan和Grzedzielski首先证实了在铸造和粉末镍基高温合金中存在这种*Y*相。在铸造合金中它存在于终凝相中；而在粉末合金中，它处于液相晶界区内，它是硫、碳和某些合金元素偏析于液相区的产物。

硫在镍基高温合金中的溶解度很低，造成硫的偏析并在晶界生成Ni_3S_2，它与镍形成熔点为645℃的（$Ni\text{-}Ni_3S_2$）共晶。Johnson等人用能谱分析发现硫含量为0.006%（原子分数）的合金中，晶界上硫的含量为12%（原子分数）。加入钛、锆、铪、镧等在基体中溶解度小而和硫又有很强亲和力的元素，通过生成硫化物可以减少硫在晶界上的偏析。Doherty等人还研究了加入钛、锆、铪、镧等不至于生成脆性金属间化合物Ni_5Hf和Ni_5Zr的最佳浓度。六角形的M_2SC和初生的MC化学成分和结构相似，由八面体中碳层部分碳被硫取代而生成，它们的晶格常数非常相近，因此MC可以在MSC上外延生长。Freuhan讨论真空感应熔炼脱硫时指出：当硫的含量小于50×10^{-6}时，通过生成可挥发的硫化物（如SiS、SC、CoS和SnS）是不切合实际的，而通过生成稳定的不熔于合金的硫化物（如MgS、CoS、CeS_2和CaS）然后排渣是比较有效的脱硫方法。

在铸造镍基高温合金中，硫分别分布在γ'相、MC相和*Y*相中，γ相中含有极少量的硫，硫严重地偏析在晶界处和枝晶间。在MC相中，心部与边缘成分分布不均匀，心部处硫和碳的含量均低一些，硫在MC相中是以代位原子方式存在的。在时效过程中，MC相中的硫根据$\gamma+MC\rightarrow M_{32}C_6+\gamma'$溶解析出反应保留在$M_{32}C_6$和$\gamma'$相中。合金中的*Y*相主要取决于硫含量，随硫含量的增加，*Y*相也增加。由于硫大量偏聚在晶界处，降低了晶界能，因此 Y 相和 MC 相边界均成为裂纹的易产生地。图 5-3 所示为本实验中观察到的硫化物。

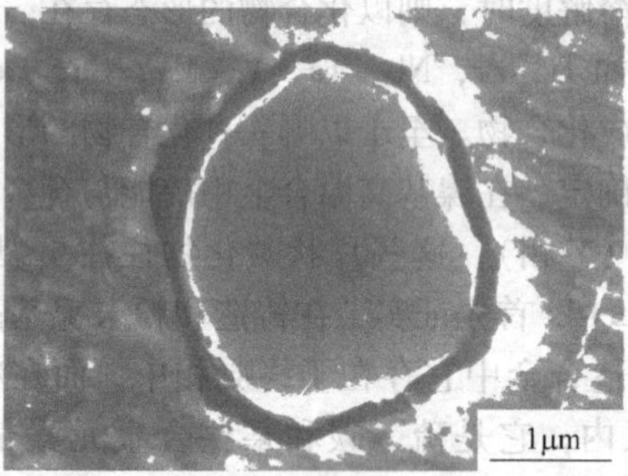

(a)

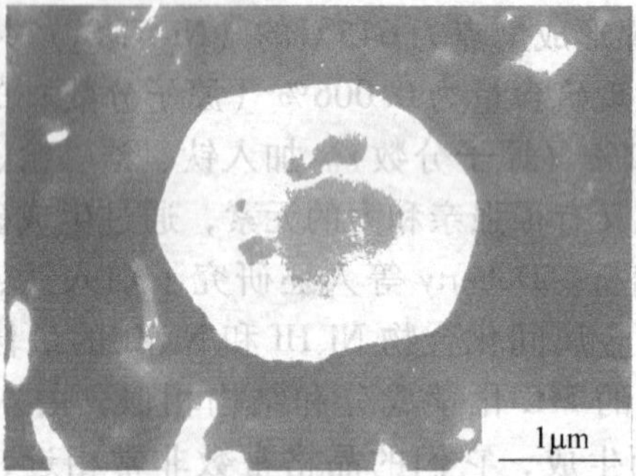

(b)

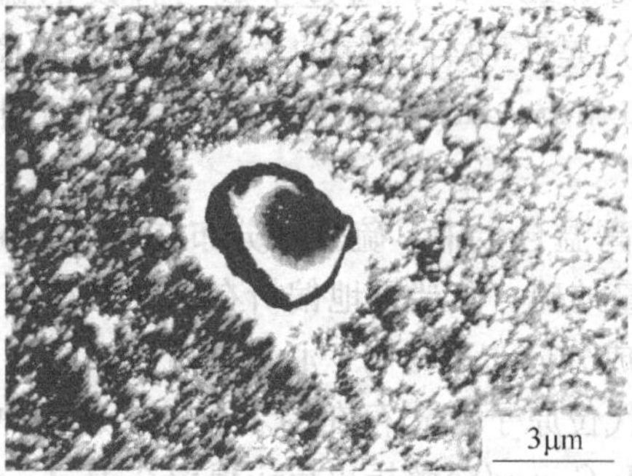

(c)

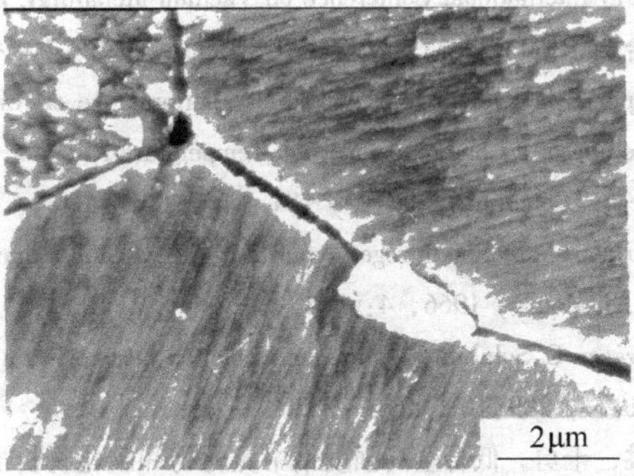

(d)

图5-3 镍基高温合金中的硫化物

(a) CrS；(b) Cr_2S_3；(c) CaS；(d) NiS

参 考 文 献

[1] 陈荣章．单晶高温合金发展现状[J]．材料工程，1995(8)：3～5.

[2] Degawa T，Ototani T. Refining of high purity Ni-base superalloy using calcia refractory[J]. Tetsu to Hagane，1987，14：1691～1695.

[3] Thomas M C. Materials for advanced power engineering 1994 [Z]. Proceedings of a Conference Held in Liege，Belgium，1994：85～87.

[4] Meetham G. W. Proc. conf. on the future for titanium and superalloys[Z]. New York，Oct. 1982：130～131.

[5] Halali M，West D R F，Mclean M. Primary and second melting of superalloys [A]. Superalloys 1996[C]. Edited by Kissinger R D，et al. Pennsylvania：TMS，1996：457～459.

[6] Huang X B，Zhang Y，Hu Z Q. Materials at high temperature[C]. 沈阳：中科院金属研究所，1998：86～88.

[7] 孙长杰，邢纪萍．氧化钙坩埚在高纯净化合金研究中的应用[J]．金属学报，1998(7)：731～733.

[8] Chen F W. Huang X B，Wang Y，et al. Investigation on foam ceramic filter to remove inclusions in revert superalloy[J]. Materials Letter，1998，34：372～375.

[9] 刘奎，张炳大，张顺南，等．硫、氧对 M17F 高温合金组织和高温持久性能的影响[J]．金属学报，1995，3(增刊)：373～375.

[10] Jones W E. Deoxidation of Ni-base superalloys [J]. Vacuum Metallurgy，1957(5)：189～191.

[11] Mithell A. The production of high-quality materials by vacuum melting processes[Z]. Pro-

ceeding of the 10th International Conference on Vacuum Metallurgy. Beijing China, 1990.

[12] 陈国良. 高温合金学[M]. 北京：冶金工业出版社，1988：214~216.

[13] Ford D A, Hooper P R, Jennings P A. Foundry performance of reverted alloys for turbine blade[Z]. Proceeding of a Conference on High Temperature Alloy for Gas Turbines and Other Application, Liege, Belgium, 1986: 51~81.

[14] Simkovich A. Variables affecting nitrogen removal in the vacuum induction melting of iron and Ni-base alloy[J]. J. Metals, 1966, 4: 504~512.

[15] Pehlke R D, Rizescu C. Solubility of nitrogen in molten heat-resistant alloys[J], J. Iron and Steel Institute, 1971, 209(10): 776~782.

[16] 岳尔斌，仇圣桃，干勇. 低合金高强度钢中氮化物和碳化物析出热力学[J]. 钢铁研究学报，2007，1：35~38.

[17] Larson J M. Proc. Inter. Powder Metall. Conf. [Z]. Edited by Hausner H H, Smith W E. New York, 1973: 537~540.

[18] 黄学兵. 中国科学院金属研究所博士论文[D]. 沈阳：中科院金属研究所，1997.

[19] 孙超. 硫在铸造镍基合金中的分布及对合金性能的影响[D]. 沈阳：中科院金属研究所，1987.

[20] Hidekazu T, Souichi I. Recent innovation and the prospect in production technology of specialty steels with high cleanliness[J]. ふぇらむ, 2003, 8(8): 29~34.

[21] Floreen S, Westbrook J H. Grain boundary segregation and the grain size dependence of strength of nickel-sulfur alloys[J]. Acta Metallurgica, 1969, 17: 1175~1181.

[22] Susumu M, Yoshinasa M. Effects of pressure, sulfur and oxygen on the rate of decarburization from liquid steel[J]. Tetsu-Hagane, 2002, 88(4): 27~33.

[23] 谢锡善，徐志超，董建新，等. C、N、O、S在GH169中的作用[J]. 金属学报，1995，31(增刊)：693~697.

[24] 李守军，罗威豹，张红斌. GH132合金在冶炼过程中氮氧的变化规律[J]. 金属学报，1995(3)：175~179.

[25] 魏寿昆. 冶金过程热力学[M]. 上海：上海科学技术出版社，1980：230~240.

第6章 镍基单晶高温合金铸态组织及γ和γ′相合金元素分布特征

6.1 概述

镍基单晶高温合金由于消除了晶界，且在择优生长的〈001〉方向上同时具有优异的蠕变强度和热疲劳性能，因此在制造航空发动机涡轮叶片上得到了广泛的应用[1,2]。单晶合金是在普通铸造和定向凝固技术基础上发展起来的，控制液态到固态的转变过程是一种较为简便、快捷的获得单晶的方法。文献［3］指出，铸件形成定向柱晶组织必须具备两个条件：（1）热流必须垂直于晶体生长的固液界面而单向流动；（2）固液界面前方的液体中没有稳定的晶核。Bridgman法就是应用广泛的一种由高温熔体生长单晶的方法[4]。

单晶和定向柱晶凝固过程的唯一差别是单晶必须是由一个晶核长大而成的[5]。获得单一晶核的方法通常有两种，即选晶法[6,7]和籽晶法[8,9]。这两种方法各有优缺点，互相补充，不可偏废。选晶法简单易行且能获得具有低弹性模量的［001］取向。Higginbotham[10]把常见的单晶选晶器归纳为4种类型：转折型、倾斜型、尺度限制型（缩颈选晶器）和螺旋型。螺旋型选晶器是目前应用最广泛也是最成功的选晶器类型，该方法是在起晶器上增加一个螺旋涡状约束装置作为选晶器，在螺旋选晶器方向连续变化的作用下，最终只有一个晶粒从选晶器顶端长出，其余晶粒全部被淘汰掉。郑启、侯桂臣等研究了单晶高温合金的选晶行为[11]，结果表明，在起晶器中，合金的宏观组织纵向方向自下而上形成3个典型区域：激冷等轴细晶区、柱晶发育区和稳定柱晶区。柱状晶从起晶器进入缩颈时，缩颈的约束结构只允许对应于螺旋体入口截面的柱晶通过，其他柱晶被阻隔在外，起到一次选晶作用。在转折部分又经历一个典型的转折型选晶过程，在此过程中，由于空间因素的限制，显然只有那些在竖直段中靠近侧向倾斜延伸段的晶粒才能得以继续生长，并且其横向〈001〉取向与转折方向更一致的晶粒将得到优先生长，其他晶粒的生长被抑制，形成二次选晶。取向与空间尺度同时约束晶体生长，选晶行为是两者耦合的结果。其中螺旋体连续弯曲攀旋结构特征，或者说元段法线方向连续变化，使上述选晶行为形成连续的过程，是螺旋选晶器高效选晶的最重要因素。据此设计的选晶器适当增加螺旋曲率（减小螺旋半径），可提高螺旋结构对多晶粒竞争生长过程的约束作用，将有效提高螺旋选晶器的选晶效果，并使螺旋选晶器缩短30%左右。

选晶法基于结晶择优生长原理而只能制取[001]取向单晶，可控制铸件的纵向与[001]的偏差在15°之内，而不能控制铸件的横向取向和制取其他取向的单晶，制造螺旋选晶器的蜡模也比较困难，但是选晶法无需繁琐的籽晶制备过程。籽晶法能够任意控制单晶的三维取向，取向精度也较高；但是所需籽晶往往要从选晶法制备的[001]单晶上切取，并且成功率不如选晶法高。

单晶的定向凝固过程不仅是合金组织形成的基础环节，也是杂晶、雀斑、缩松和枝晶发散等铸造缺陷产生的过程，因此无论是改善合金的组织还是消除或减轻缺陷都需通过调整凝固工艺来实现。Copley[12]等分析了杂晶形成的原因后指出，当凝固潜热能够通过已凝固部分传导出去，而不在固液界面附近积累多余的热量时，杂晶就不会形成。即当凝固速率 R 满足式（6-1）时，可有效地防止杂晶的形成。

$$R < \frac{K_T G_S}{\Delta H} \tag{6-1}$$

式中 K_T——固态热导率；

G_S——界面附近各相中的温度梯度；

ΔH——凝固潜热。

Duhl[5]分析了雀斑的成因，指出由于定向凝固过程中糊状区底部的液相富集了铝、钛等较轻的正偏析元素，因而密度较低，小于糊状区顶部液相的密度，即形成所谓的密度反转，是一种不稳定的状态。这个密度差驱使底部的液相向上喷射，折断了枝晶，尤其是二次枝晶的端部，形成了可作为等轴晶晶核的碎屑，于是产生了雀斑链。在给定的合金成分下，要避免形成雀斑链，就必须降低糊状区的高度，以防止发生密度反转。因此存在一个临界温度梯度 G^*（是合金成分的函数），当 $G>G^*$ 时，不出现雀斑链，而当 $G<G^*$ 时，如果局部凝固时间足够短，也可阻止因密度差而引起的喷射，所以当凝固速率 R 满足式（6-2）时，雀斑链也不会形成。

$$R>\frac{\Delta T}{\Delta t^* G} \tag{6-2}$$

式中 Δt^*——不产生雀斑链的临界局部凝固时间；

ΔT——结晶温度间隔；

G——糊状区中的温度梯度。

当凝固工艺所选的 G 和 R 位于图 6-1 所示的阴影区时，就可保证单晶凝固顺利进行，避免杂晶和雀斑链的形成。

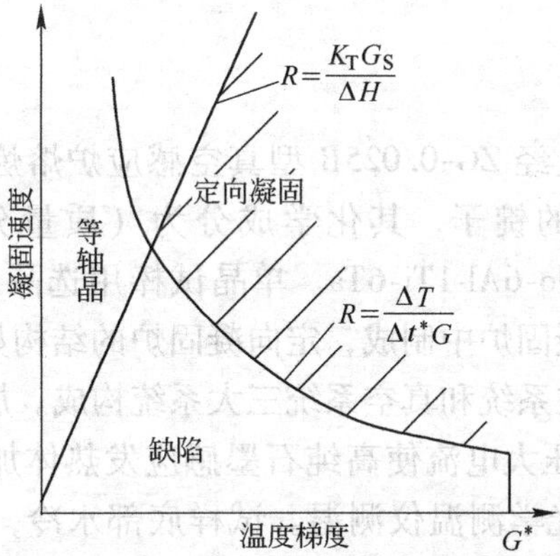

图 6-1　保证单晶顺利凝固温度梯度和凝固速率的允许选择范围

在实现单晶稳定态凝固从而避免晶粒缺陷后，需进一步选择准确的凝固参数以改善组织结构，温度梯度通常受设备导热能力限制，难以大范围改变，容易调节的凝固参数只有凝固速率 R。根据成分过冷理论，在温度梯度不变时，随 R 的增大，凝固界面形态依次为平面、胞状、枝状等类型。平界面凝固时不产生显微偏析，可以获得较为均匀的组织，但是要求较低的凝固速率，是很不经济的，实际生产中更常见的是枝晶凝固，枝晶间距是最基本的组织参数，受到人们的极大重视。

单晶高温合金的性能是各向异性的，并且是一种名义上的单晶体，其中包含了第二相、枝晶等大量的亚结构因素，这些亚结构对材料的力学性能产生显著的影响，因而不同晶体取向的区别不仅包括晶体学方面的差异，更具有组织方面的不同[13]。

单晶高温合金的铸态组织是决定其使用性能的最重要因素之一[14]，而合金的铸态组织又与其化学成分密切相关。了解和掌握合金的铸态显微组织特点及合金元素分布特征对于合金热处理制度的确定，以及合金的进一步改进都有重要的意义。为此，本章研究了一种镍基单晶高温合金的铸态显微组织及其特点，并应用测算法讨论了基体相 γ 相和析出相 γ' 相的点阵常数、错配度及合金元素的分布特征。

6.2 实验方法

6.2.1 试样制备

实验用母合金经 ZG-0.025B 型真空感应炉熔炼，浇铸成尺寸为 ϕ83mm × 440mm 的锭子，其化学成分为（质量分数）：Ni-6.1Cr-5.8W-4.2Co-1.5Mo-6Al-1Ti-6Ta。单晶试棒用选晶工艺在 ZGG-0.02 型真空感应定向凝固炉中制成，定向凝固炉的结构如图 6-2 所示。它由加热系统、提拉系统和真空系统三大系统构成。加热系统的功率为 30kW，采用低电压大电流使高纯石墨感应发热体加热，最高炉温可达 1700℃。利用光学测温仪测温。试样底部水冷，炉内温度梯度可达到 50 ~ 100℃/cm。采用可控硅控制提拉速率，提拉速率在 0.5 ~ 1000mm/min 范围内连续无级可调。真空系统由扩散泵和前置机械泵组成。抽气速率为 30mL/min，工作真空度为 10^{-3}Pa。母合金熔化后浇入制备单晶的模壳内，当合金加热到 1500℃后，以 6mm/min 速率下拉。

在单晶合金试棒 ϕ6mm × 140mm 上，垂直于纵轴切割取样，制备金相试样，尺寸约为 ϕ16mm × 10mm。通过常规金相试样制备方法，制备了纵、横向金相试样，经化学腐刻观察合金的纵、横向显微组

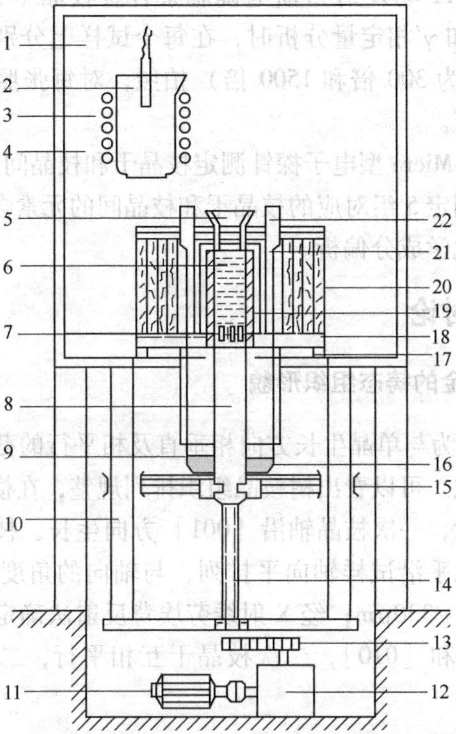

图 6-2 定向凝固炉的结构示意图

1—炉体；2—冶炼坩埚；3—感应线圈；4—真空室；5—漏斗；6—金属液体；7—结晶体；8—拉杆；9—密封垫；10—导杆；11—电机；12—减速机；13—齿轮；14—丝杠；15—卡头；16—密封圈；17—支架；18—托盘；19—壳体；20—保温层；21—发热体；22—电极

织，腐刻剂组成为：20g $CuSO_4$ + 100mL HCl + 80mL H_2O（以上试样均由中国科学院金属研究所制取）。

6.2.2 金属物理研究方法

用普通光学金相显微镜观察单晶合金的低倍组织，经 X 射线劳埃背反射法确定单晶合金的晶体取向。晶体取向测定是在垂直于纵轴的横截面上完成的。

用 JSM-6301F 场发射扫描电镜观察合金枝晶干、间组织形貌，进行 γ/γ′共晶和 γ′相定量分析时，在每个试样上分别选取 5 个视场（放大倍数分别为 300 倍和 1500 倍）拍照，对每张照片进行定量分析后取其平均值。

用 Cabebax-Micro 型电子探针测定枝晶干和枝晶间的各元素含量，每个试样分别测定 5 组对应的枝晶干和枝晶间的元素含量后，再取平均值来表示其化学成分偏析。

6.3　结果与讨论

6.3.1　单晶合金的铸态组织形貌

图 6-3 所示为与单晶生长方向相垂直及相平行的截面上合金的铸态低倍金相组织。可以看出树枝晶组织排列规整，在横截面上的枝晶呈 + 字形花瓣状，一次枝晶轴沿［001］方向生长，枝晶分布较为均匀，一次枝晶几乎沿试样轴向平排列，与轴向的角度差在 10°以内，枝晶间距为 250 ~ 330μm；经 X 射线劳埃背反射法确定二次枝晶方向分别为［100］和［010］，二次枝晶干互相平行，二次枝晶间距为 40 ~ 80μm。

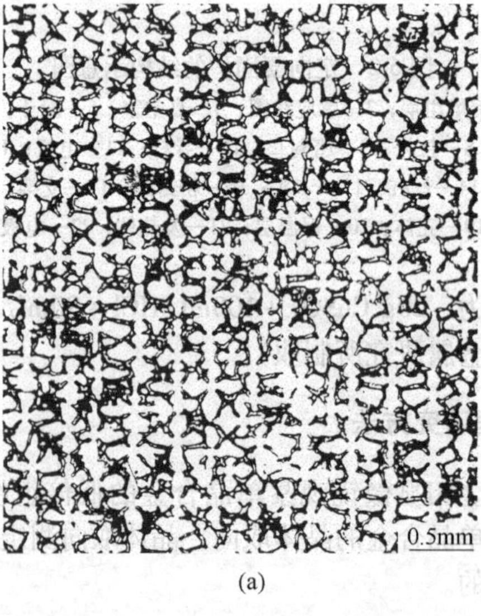

(a)

(b)

图6-3 铸态单晶合金的枝晶形貌
(a) 横截面；(b) 纵截面

合金铸态组织不仅含有大量的 γ 相和沉淀析出的 γ′强化相，还有 γ/γ′共晶块析出于枝晶间。图 6-4(a)所示为合金枝晶干 γ′相形貌，图 6-4(b)所示为合金枝晶间 γ′相形貌，从图 6-4 中可以看出 γ′相主要呈立方体状蝶形排列，且枝晶干、间 γ′相尺寸不同，枝晶干 γ′相尺寸较小，平均尺寸为 0.8μm，枝晶间 γ′相尺寸较大，平均尺寸为 1.2μm。与枝晶间相比，枝晶干 γ′相的形貌更规整一些。

铸态单晶合金的 γ/γ′共晶分布在枝晶间处，其形貌有筛网状、菊花状、光板状等，如图 6-5 所示。

单晶组织与 DS 过程中的凝固参数有关。根据成分过冷理论，单晶凝固的固液界面受到 G/R 值的制约（G 为温度梯度，R 为凝固速率）。随 R 的增大，G/R 值逐渐减小，界面前沿出现成分过冷，界面形态由平面向胞状、粗枝及细晶状转化。本实验中观察到的单晶形貌为典型枝晶状凝固组织形态，铸态显微组织观察表明，枝晶干相互平行，分散角小，枝晶干发达，合金质量良好，这说明定向凝固参数选择合适，工艺合理。

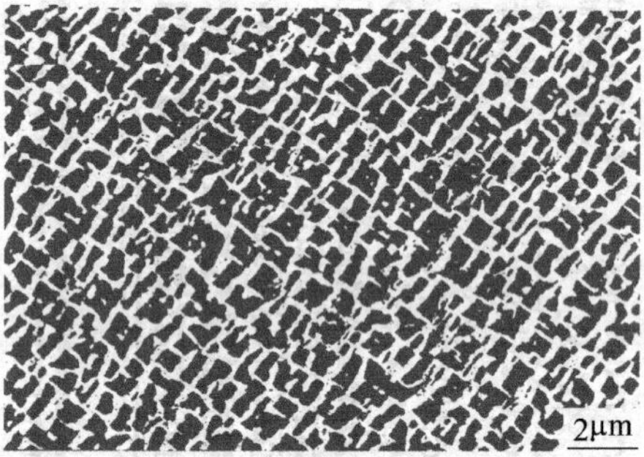

(a)

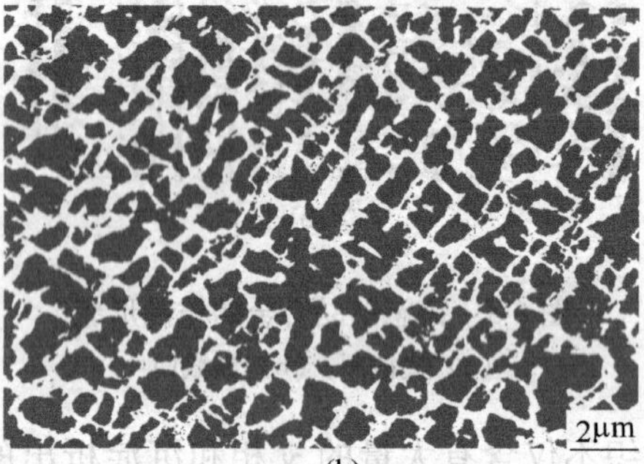

(b)

图 6-4　铸态 γ′相形貌

(a) 枝晶干小而规则的 γ′相；(b) 枝晶间大而不规则的 γ′相

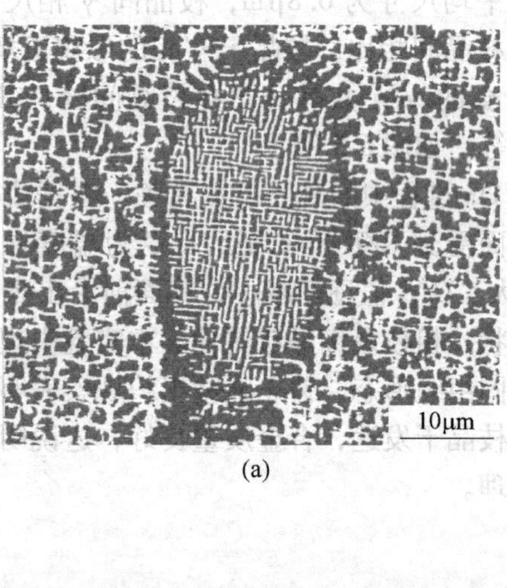

(a)

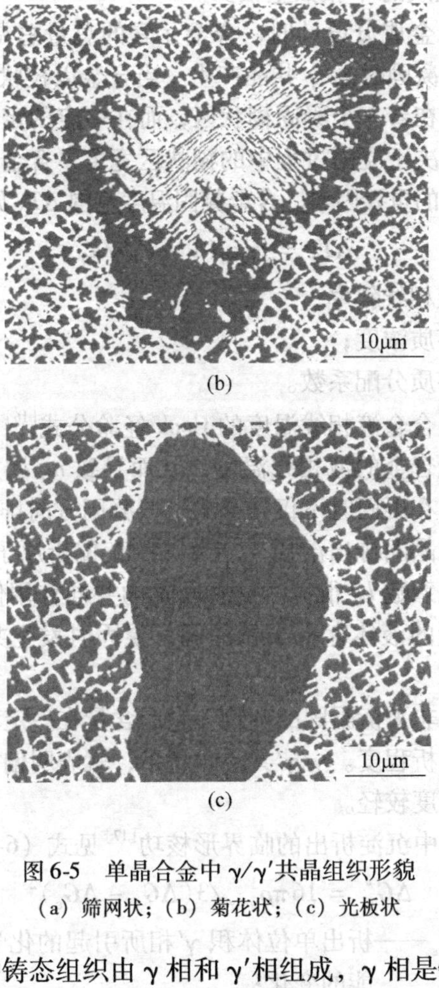

(b)

(c)

图 6-5 单晶合金中 γ/γ′共晶组织形貌

(a) 筛网状；(b) 菊花状；(c) 光板状

单晶合金的铸态组织由 γ 相和 γ′相组成，γ 相是镍基单晶高温合金的基体相，是 Co、Cr、Mo、W 等元素溶入 Ni 中的固溶体，γ′相是以 Ni_3Al 为基的金属间化合物，具有面心立方结构，通常含有 Ti、Ta 等元素，是镍基单晶高温合金中的主要强化相。铸态合金中 γ′相由两种方式形成，一种方式是凝固过程中液相生成过饱和的 γ 相，过饱和的 γ 相在冷却过程中发生沉淀相变而生成 γ′相，绝大部分的 γ′相由此方式形成。另一种方式是凝固过程中枝晶间残余液相发生共晶反应，生成了 γ′相，凝固过程中只有很少一部分液相发生共晶反应，因此由此方式生成的γ′相数量很少。

单晶高温合金成分设计时，合金元素的总量总是低于共晶成分，从而避免了平衡凝固时γ/γ′共晶产生。当合金以枝状界面非平衡凝固时，固液界面存在着一个凝固糊状区，而在一定的定向凝固工艺条件下，共晶数量取决于凝固过程中的糊状区宽度。合金凝固温度范围是影响糊状区宽度的重要因素。合金凝固温度范围 ΔT_0 见式（6-3）[15]：

$$\Delta T_0 = m_1 c_0 (1 - k_0)/k_0 \tag{6-3}$$

式中 m_1——液相线斜率；

c_0——溶质浓度；

k_0——溶质分配系数。

由确定高温合金液相线温度的 Cook 经验公式[16]知，合金中钛等合金元素会降低合金的液相线温度，从而导致 m_1 增加；另外合金中的正偏析元素，在凝固时不仅枝晶尖端向凝固方向排出溶质，同时也向枝晶两侧的枝晶间排出溶质，当大量的正偏析原子从固相中排出，致使其溶质分配系数 k_0 很低。这些因素的共同作用使 ΔT_0 增大，糊状区变宽，大量的液体存在于枝晶间，凝固时发生共晶反应而形成γ/γ′共晶组织。

γ/γ′共晶是非平衡凝固的产物，它的含量在一定程度上反映了凝固过程的显微偏析程度。γ/γ′共晶含量多，就表明偏析较为严重；反之则说明偏析程度较轻。

γ′相从γ相中沉淀析出的临界形核功[17]见式（6-4）：

$$\Delta G^* = 16\pi\rho_{\gamma-\gamma'}^3/3(\Delta G_v - \Delta G_\varepsilon)^2 \tag{6-4}$$

式中 ΔG_v，ΔG_ε——析出单位体积γ′相所引起的化学自由焓及应变能的变化；

$\rho_{\gamma-\gamma'}$——单位相界面自由能由两项组成，见式（6-5）：

$$\rho_{\gamma-\gamma'} = \rho_c + \rho_s \tag{6-5}$$

式中 ρ_c——化学键变化所引起的界面能变化；

ρ_s——由结构变化引起的界面能的变化，单晶合金中γ相与γ′相结构相同，且晶格常数接近，$\rho_s \to 0$。

所以，$\rho_{\gamma-\gamma'}$ 通常是很小的，单晶合金中由于相变形核功比较小，γ′相沉淀析出非常容易。式（6-4）中 ΔG_v 大小由式（6-6）[18] 确定：

$$\Delta G_v \propto \Delta X \tag{6-6}$$

式中 ΔX——γ 固溶体中溶质的过饱和度。

由组织观察发现枝晶间 γ′相尺寸大于枝晶干 γ′相尺寸，这是由于枝晶间富集了 Al、Ti、Ta 等 γ′相形成元素，使得枝晶间 γ 相过饱和度 ΔX 大于枝晶干处，ΔX 大则 ΔG_v 大，ΔG_v 越大，ΔG^* 越小，造成了枝晶间处 γ′相的快速形核；另外，ΔX 越大，γ′相生长速率越大，结果造成枝晶间 γ′相尺寸大于枝晶干处。

根据相变原理，相界面能及应变能的共同作用决定了共格沉淀相的形貌[19]。γ′相尺寸较小时，γ′与 γ 相保持共格关系，应变能起主要作用，γ′相则呈立方体形状；当 γ′相尺寸较大时，γ-γ′相界面失去共格性，相界面能起主要作用，γ′相形貌向不规则形状转变，因此，枝晶干 γ′相形貌较枝晶间规则。

虽然单晶高温合金中消除了所有晶界，但枝晶作为生长的亚单元，由于成分的不均匀和温度场的波动，不可避免地存在微小的取向差，当它们相遇时便形成了亚晶界[19]。文献［13］指出，在［011］和［111］取向中，当互相垂直的枝晶相遇时，形成取向差更大、情况更复杂的亚晶界。因为［011］中的亚晶界通常与轴向平行，而另两个取向既可形成平行于轴向又可形成倾斜于轴向的亚晶界。尤其倾斜亚晶界会对材料的力学性能产生不利影响，可能抵消掉［011］和［111］方向在某些性能中的晶体学优势。

6.3.2 枝晶偏析

表6-1 所示是利用电子探针测得的枝晶干与枝晶间的平均化学成分（原子分数）以及由此计算的偏析系数。表6-1 中的偏析系数见式(6-7)：

$$\text{偏析系数} = \frac{\text{枝晶间元素含量} - \text{枝晶干元素含量}}{\text{枝晶干元素含量}} \times 100\% \tag{6-7}$$

可以看出，Al、Ti、Ta 元素在枝晶间的浓度高于枝晶干处的浓度，为正偏析元素；元素 W、Mo、Cr 则正好相反，为反偏析元素。

表 6-1 枝晶干、间成分偏析（原子分数） (%)

项目	Co	Cr	Mo	W	Ti	Al	Ta	Ni
枝晶干	4.59	6.77	1.41	2.30	1.11	11.26	1.78	70.78
枝晶间	4.75	6.41	1.17	1.86	1.31	13.83	2.30	68.37
偏析系数	3.59	-5.33	-16.85	-19.14	18.70	22.74	29.12	-3.41

合金枝晶干、间存在的成分偏析是凝固过程中溶质再分配造成的，而凝固过程中和凝固后固溶体中溶质原子是否扩散充分，决定了合金成分的偏析程度。完全无扩散时，合金中的成分偏析程度最大；充分扩散时，合金中不产生成分偏析。实际凝固一般都是在扩散不充分的情况下进行的，因而在合金中产生了成分偏析。由于单晶合金中含有较高的 Ta、Mo、W 等难熔元素，定向凝固过程中枝晶干、间存在着明显的成分偏析。单晶合金枝晶间比枝晶干后凝固，所以枝晶间富 γ′相形成元素 Al、Ti、Ta 等。

值得注意的是，晶体取向对镍基单晶高温合金的偏析有影响。表 6-2[13] 列出了电子探针测定的各元素偏析比的数据，变化规律如图 6-6[13] 所示，由图 6-6 可知晶体取向对 Ti、Cr、Ta、Mo 的分布影响显著，W 的分布几乎与晶体取向无关，而 Al、Co 的偏析比接近于 1，也不随晶体取向变化。

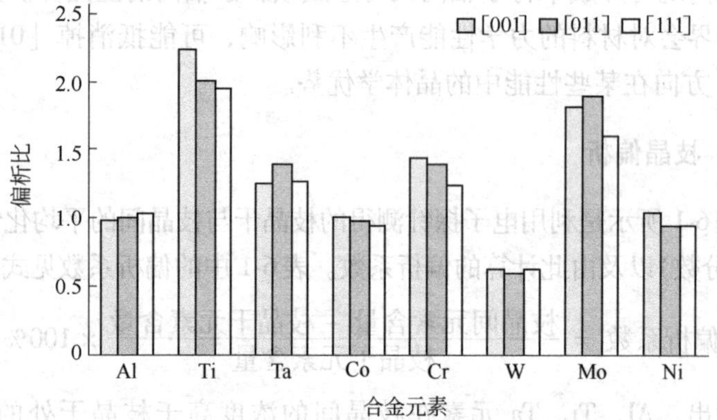

图 6-6 三个取向中各合金元素的偏析比

表 6-2 三种取向试样中各元素的偏析比

项目	Al	Ti	Ta	Co	Cr	W	Mo	Ni
[001]	0.984	2.272	1.251	1.006	1.44	0.614	1.821	1.039
[011]	0.994	2.008	1.393	0.98	1.394	0.602	1.899	0.948
[111]	1.033	1.945	1.268	0.947	1.241	0.619	1.601	0.974

元素的偏析对合金的均匀程度、第二相的分布等组织要素有重要影响，很多作者[19]对元素偏析在理论和试验方面进行了大量研究。顾林喻等认为凝固过程中的成分偏析取决于有效分配系数和凝固后的扩散均匀化作用。刘金来等认为[14]，对于同一种元素，由于分配系数不变，因而只由扩散过程决定。均匀化作用又由扩散距离和扩散时间共同决定。在凝固条件相同时，扩散时间一样，各取向的差异仅在于枝晶间距和构型的变化引起的扩散距离和路径的不同。W 为高熔点难扩散元素，对晶体取向产生的变化不敏感，所以偏析比相等；而 Co 可能出于溶质再分配不显著或扩散能力强；Al 则由于偏聚于共晶之中，在枝晶干和枝晶间没有明显差别，因而 Co 和 Al 在各取向的偏析比都约等于 1；Ti、Cr 为正偏析元素，且偏析程度按 [001]、[011]、[111] 次序递减，虽然 [011] 和 [111] 取向的枝晶间距有所增大，但由于枝晶的交错生长，导致扩散的路径增多，均匀化速率加快，因而偏析程度降低。其扩散路径如图 6-7 所示。Ta 和 Mo 的偏析比无明显的变化规律，Ta 在 [011] 中偏析程度比在另两个取向中高，Mo 在 [111] 中的偏析程度比另两个取向中低，这可能是由于枝晶间距增大和扩散路径增多，两种起相反作用的因素互相竞争产生的复杂结果。

6.3.3 γ 相和 γ′相成分的测算及合金元素分布特征

在镍基单晶高温合金枝晶典型区域中，γ 相和 γ′相两相成分、点阵常数及错配度呈不均匀分布，并对合金的高温力学性能产生影响。为了获得上述信息及其各参量之间的关系，准确、方便地获得两相成分是至关重要的。通常情况下，用化学相分析法可以获得合金整体样品内的各相平均成分；用扫描电子探针分析法可以获得枝晶典型区域

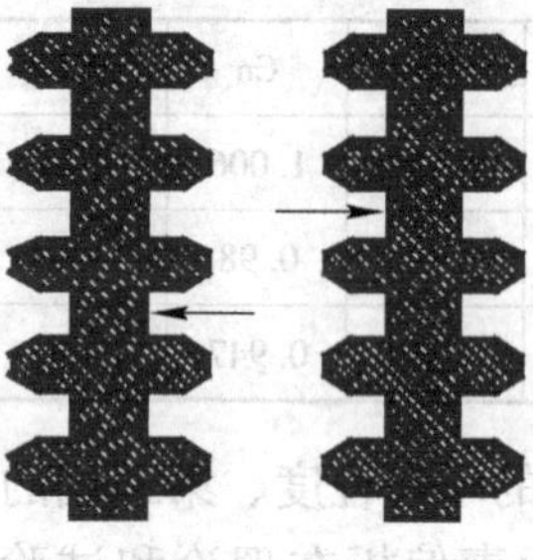

(a)

(b)

图 6-7 不同枝晶构型的扩散路径示意图

(a)［001］试样的单向扩散；(b)［011］和［111］试样的多向扩散

的成分；而用透射电镜能谱分析法可以获得不明枝晶区域的两相成分(其难度在于如何将薄膜试样的薄区穿孔部位准确地控制在指定的枝晶典型区域内)。目前，对枝晶典型区域相成分测定的方法甚少，近年来仅见 Völkl 等人采取在多个薄区穿孔部位中，寻找那些恰好贯穿枝晶 3 个典型区域的穿孔以作观察及测定视场。显然，科学、合理地测算枝晶典型区域各金相组织中元素的分布是必要的[20~23]。本节用成分分配系数测算枝晶典型区域两相成分的方法[24]，讨论本实验条件下 γ 相和 γ′相两相成分及合金元素分布特征。

6.3.3.1 典型区域 γ 相和 γ′相成分及错配度测算

以原子分数（%）为计算单位，如果在每 100 个原子中，共有 N

个 i 元素的原子，其中，分配给 γ'相的该元素的原子个数为 $N_{\gamma'}$，则分配给 γ 相的该元素的原子个数 $N_{\gamma}=N-N_{\gamma'}$，其比值（$N_{\gamma'}/N_{\gamma}$）即为 i 元素在两相间的分配比，用 R_i 表示，设 $N_{\gamma'}$ 为每 100 个原子组成的 25 个晶胞中 γ'相所占有的晶胞数，则其中基体相 γ 相的晶胞数 $N_{\gamma}=25-N_{\gamma'}$，又设 $X_{\gamma'}$ 为每一个 γ'相晶胞中 i 元素所占有的原子数，C 为合金成分（原子分数），$C_{\gamma'}$ 和 C_{γ} 分别为 γ'相和 γ 相的成分（原子分数），则有（见式(6-8)~式(6-10)）：

$$R_i=\frac{N_{\gamma'}}{N_{\gamma}}=\frac{n_{\gamma'}X_{\gamma'}}{N-n_{\gamma'}X_{\gamma'}}=\frac{n_{\gamma'}(4C_{\gamma'})}{100C-n_{\gamma'}(4C_{\gamma'})}=\frac{n_{\gamma'}C_{\gamma'}}{25C-n_{\gamma'}C_{\gamma'}} \tag{6-8}$$

由

$$C_{\gamma}=\frac{X_{\gamma}}{4}=\frac{N_{\gamma}}{4(25-n_{\gamma'})}=\frac{100C-N_{\gamma'}}{4(25-n_{\gamma'})}=\frac{100C-n_{\gamma'}X_{\gamma'}}{4(25-n_{\gamma'})}=\frac{25C-n_{\gamma'}C_{\gamma'}}{25-n_{\gamma'}} \tag{6-9}$$

得

$$n_{\gamma'}=\frac{25(C-C_{\gamma})}{C_{\gamma'}-C_{\gamma}} \tag{6-10}$$

将式（6-10）代入式（6-8）后得

$$R_i=\frac{C-C_{\gamma}}{C_{\gamma'}-C}\cdot\frac{C_{\gamma'}}{C_{\gamma}}$$

可以看到，元素分配比为成分比乘上一个系数，该系数即为相图两相区中的反向杠杆比。对于多元合金系，γ 相和 γ'相中 i 元素的原子分数可分别用式（6-11）和式（6-12）求得。

$$(C_{\gamma})_i=\frac{C_i}{(1+R_i)\cdot\sum_i^n[C_i/(1+R_i)]} \tag{6-11}$$

$$(C_{\gamma'})_i=\frac{R_i\cdot C_i}{(1+R_i)\cdot\sum_i^n[R_iC_i/(1+R_i)]} \tag{6-12}$$

如果令合金元素分配系数 $(p_{\gamma})_i$ 和 $(p_{\gamma'})_i$ 分别为（见式（6-13）和式（6-14））：

$$(p_{\gamma})_i = \frac{1}{1 + R_i} \tag{6-13}$$

$$(p_{\gamma'})_i = \frac{R_i}{1 + R_i} \tag{6-14}$$

则有

$$(C_{\gamma})_i = \frac{(p_{\gamma})_i C_i}{\sum_i^n (p_{\gamma})_i C_i} \tag{6-15}$$

$$(C_{\gamma'})_i = \frac{(p_{\gamma'})_i C_i}{\sum_i^n (p_{\gamma'})_i C_i} \tag{6-16}$$

可以证明 $(p_{\gamma})_i + (p_{\gamma'})_i = 1$。

所测各区各元素原子分数的平均值见表6-1，用前述分配系数法（分配系数的来源见表6-3）算得试样枝晶各区域中γ相和γ′相的相成分，见表6-4。

表6-3 对14种高温合金统计所得元素分配比[26]和文献[24]推导所用元素分配比及分配系数

Element	R_i(ref.[26])		R_i(ref.[24])		$P_{\gamma'}$	P_{γ}
	γ′相	γ相	γ′相	γ相		
W	1.16	1.00	1.00	0.98	0.51	0.49
Cr	0.19	1.00	0.20	1.00	0.16	0.84
Ta	1.00	0.06	1.00	0.01	0.99	0.01
Al	1.00	0.33	1.00	0.14	0.88	0.12
Ti	1.00	0.17	1.00	0.26	0.79	0.21
Co	0.61	1.00	0.78	1.00	0.44	0.56
Ni	1.30	1.00	1.00	0.45	0.69	0.31
Mo	0.34	1.00	0.80	1.00	0.44	0.56

表 6-4 实验合金原树枝状晶典型区域基体相 γ 相和析出相 γ′相的化学成分（原子分数） （%）

区域	Cr	Co	Mo	W	Al	Ti	Ta	Ni
枝晶干	16.87	7.62	2.34	3.34	4.01	0.69	0.05	65.08
枝晶间	16.43	8.12	2.00	2.78	5.07	0.84	0.07	64.69
区域	Cr	Co	Mo	W	Al	Ti	Ta	Ni
枝晶干	1.63	3.05	0.93	1.77	14.96	1.32	2.66	73.68
枝晶间	1.53	3.11	0.77	1.41	18.10	1.54	3.38	70.16

使用渡边等人[25]对大量合金的 γ 相和 γ′相成分及点阵常数 a_γ 和 $a_{\gamma'}$测定结果的多元线性回归表达式见式（6-17）和式（6-18）：

$$a_\gamma = 0.3524 + 0.0130Cc_\gamma + 0.0024Cc_0 + 0.0421(C_{Mo} + C_W) + 0.0183C_{Al} + 0.036C_{Ti} \tag{6-17}$$

$$a_{\gamma'} = 0.3567 + 0.0156C'_{Ti} + 0.0372(C'_{Nb} + C'_{Ta}) + 0.0248(C'_{Mo} + C'_W) \tag{6-18}$$

可计算出试样枝晶各区域中 γ 相和 γ′相的点阵常数 a_γ 和 $a_{\gamma'}$，计算结果见表 6-5。共格错配度的一般关系式见式（6-19）：

$$\delta = \frac{2(a_{\gamma'} - a_\gamma)}{a_{\gamma'} + a_\gamma} \tag{6-19}$$

可计算出试样枝晶各区域中 γ 相和 γ′相的共格错配度 δ，计算结果见表 6-5。

表 6-5 实验合金原树枝状晶典型区域基体相 γ 相和析出相 γ′相的点阵常数和错配度

区 域	点阵常数/nm		错配度 δ/%
	a_γ	$a_{\gamma'}$	
枝晶干	0.35815	0.35857	0.12
枝晶间	0.35797	0.35874	0.22

6.3.3.2 γ相和γ′相合金元素分布特征

分析所测算试样中的γ相和γ′相成分（见表6-4）可以发现，合金元素在γ相和γ′相的分布有一定的规律性。不论是枝晶间，还是枝晶干上，Ta在γ相中的含量很少，可以认为，枝晶干和枝晶间的γ相中几乎不含Ta。Cr、Mo、Co主要分布在γ相中，在γ′相中较少；Al主要分布在γ′相；W较均匀地分布在γ相和γ′相中。合金元素在γ相和γ′相中的分配比如图6-8所示，Ta在γ相和γ′相中的分配比最大，W的分配比最小。由此可以认为，随合金化水平的提高，γ′相中含钽、钨等难熔元素的数量不断增加，这是一个重要的特点。此外，钨和钼虽然性质相近，但在合金中所起的作用却有区别，钼基本上是固溶强化元素，而钨既能加强第二相强化作用，本身又是固溶强化元素。

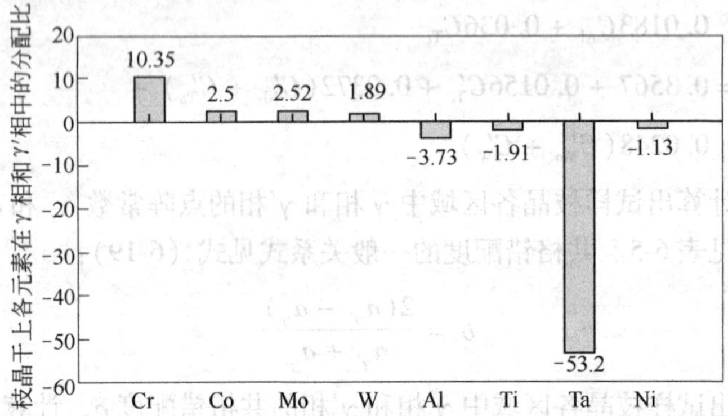

图6-8 合金元素在γ相和γ′相中的分配比

（图中，当合金元素在γ相中的含量大于在γ′相中的含量时，分配比表示为$(C_{\gamma})_i/(C_{\gamma'})_i$，设为正；反之表示为$(C_{\gamma'})_i/(C_{\gamma})_i$，设为负）

枝晶间与枝晶干的γ相成分比（或称为元素分配比）C_{intd}/C_{core}及γ′相在枝晶间与枝晶干的成分比C_{intd}/C_{core}见表6-6，γ相和γ′相元素分配比如图6-9所示，可以看出，Cr、Mo、W元素的分布特征为$0 < C_{intd}/C_{core} < 1$，发生了负分布（枝晶干相中这些元素的含量均大于

枝晶间相中这些元素的含量)；Co、Al、Ti、Ta 元素的分布特征为 $C_{intd}/C_{core}>1$，为正分布（枝晶干相中这些元素的含量均小于枝晶间相中这些元素的含量），与第 6.3.2 节讨论的枝晶偏析一致。

表 6-6 枝晶间与枝晶干上 γ 相和 γ′相元素分配比

金相组织	枝晶间与枝晶干上元素分配比 C_{intd}/C_{core}							
	Cr	Co	Mo	W	Al	Ti	Ta	Ni
γ 相	0.97	1.07	0.86	0.83	1.26	1.21	1.4	0.99
γ′相	0.94	1.02	0.83	0.8	1.21	1.17	1.27	0.95

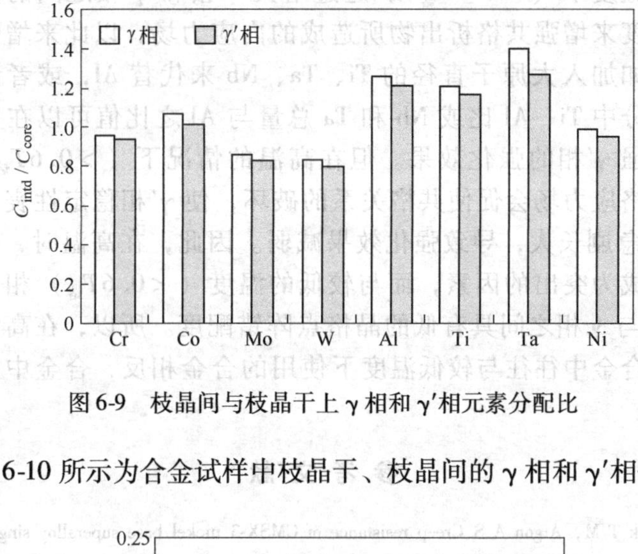

图 6-9 枝晶间与枝晶干上 γ 相和 γ′相元素分配比

图 6-10 所示为合金试样中枝晶干、枝晶间的 γ 相和 γ′相错配度。

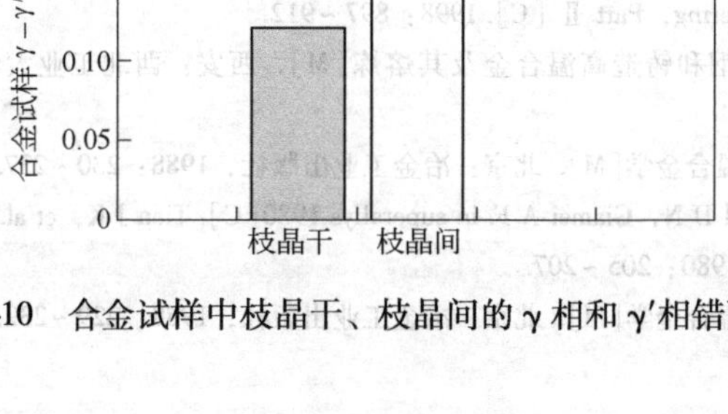

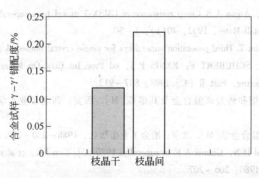

图 6-10 合金试样中枝晶干、枝晶间的 γ 相和 γ′相错配度

可以看出，γ-γ′在枝晶干和枝晶间的错配度相差较大，枝晶间的γ-γ′错配度大于枝晶干的错配度，其错配度约大一倍，其原因与枝晶间大原子直径的Ti、Ta等元素的正分布特征有关。一般认为γ-γ′晶格错配度影响γ′相的形态[27]，正如第6.3.1节所讨论的，根据相变理论，相界面及应变的共同作用决定了其形貌，当γ-γ′错配度大时，相界面能起主要作用，γ′相形貌向不规则形状转变，因此，枝晶间的γ′相形貌较枝晶干γ′相形貌不规则。这与实验观察到的结果（见图6-4）是一致的。

一般来说，γ′相与基体γ相要有一定的共格配合程度[28]。在较低的温度下（$<0.6T_{熔}$），通过增大γ相和γ′相之间的晶体点阵错配度来增强共格析出物所造成的内应力场，以此来增强强化效果。如加入大原子直径的Ti、Ta、Nb来代替Al，或者说增大合金成分中Ti、Al比或Nb和Ta总量与Al之比值可以在一定程度上增强γ′相的强化效果。但在高温的情况下（$>0.6T_{熔}$），过高的共格应力场会促使共格关系的破坏，使γ′相稳定性丧失，造成γ′相急剧长大，导致强化效果减弱。因此，在高温时，γ′相的稳定性成为突出的因素，而与较低的温度（$<0.6T_{熔}$）相反，要求γ′相与γ相之间具有低的晶格点阵错配度。所以，在高温使用的镍基合金中往往与较低温度下使用的合金相反，合金中Ti、Al比降低。

参 考 文 献

[1] Pollock T M, Argon A S. Creep resistance of CMSX-3 nickel base superalloy single crystals [J]. Acta Metall Mater, 1992, 40(1): 1 ~ 30.

[2] Paron C, Khan T. Third generation superalloys for single crystal blades[A]. In: LECOMTE-BECKERS J, SCHUBERT F, ENNIS P J, ed. Proc. Int. Conf. On Materials for Advanced Power Engineering, Part Ⅱ [C]. 1998: 897 ~ 912.

[3] 傅恒志. 铸钢和铸造高温合金及其熔炼[M]. 西安：西北工业大学出版社，1985：174 ~ 177.

[4] 陈国良. 高温合金学[M]. 北京：冶金工业出版社，1988：230 ~ 237.

[5] Gell M, Duhl D N, Giamei A F. in superallys 1980[C]. Tien J K, et al. eds, ASM, Metal Park, OH, 1980: 205 ~ 207.

[6] 陈国良. 高温合金学[M]. 北京：冶金工业出版社，1988：229 ~ 232.

[7] Goulette M J, Spilling P D, Arthey R P. Superalloys 1984 [C]. New York: Gell M, et al. eds, AIME, 1984: 167 ~ 169.

[8] Ford D A, Arthey R P. Superalloys1984 [C]. New York: M. Gell, et al. eds., AIME, 1984: 115 ~ 117.

[9] 赵乃仁，李金国，刘金来. 籽晶法生长高温合金单晶凝固界面研究[J]. 材料工程，2007，11: 24 ~ 27.

[10] Morimoto S, Yoshinari A, Niyama E. Superalloys1988 [C]. Pennsylvania: TMS, 1988: 32 ~ 325.

[11] Higginbotham G J S. From research to cost effective directional solidification and single crystal production-an integrated approach [J]. Materials and Technology, 1986, 2 (5): 442 ~ 460.

[12] 郑启，侯桂臣，等. 单晶高温合金的选晶行为[J]. 中国有色金属学报，2001(4): 176 ~ 178.

[13] 胡汉起. 金属凝固原理[M]. 北京: 机械工业出版社，2000: 100 ~ 120.

[14] 刘金来，金涛，张静华，等. 晶体取向对镍基单晶高温合金铸态组织和偏析的影响[J]. 中国有色金属学报，2002(8): 764 ~ 768.

[15] 王华明，唐亚俊，张静华，等. 凝固速度对单晶高温合金凝固组织与溶质再分配的影响[J]. 航空材料学报，1991，11(1): 12 ~ 18.

[16] 胡汉起. 金属凝固原理[M]. 北京: 机械工业出版社，2000: 119 ~ 120.

[17] 黄乾尧，李汉康. 高温合金[M]. 北京: 冶金工业出版社，2000: 209 ~ 210.

[18] 郭喜平. 单晶高温合金的凝固界面形态与组织性能及蠕变断裂的关系[D]. 西安: 西北工业大学，1992.

[19] 肖纪美. 合金相与相变[M]. 北京: 冶金工业出版社，1987: 161 ~ 163.

[20] Duhl D N. superalloys Ⅱ [C]. Sims C T, Stoloff N S, Hagel W C eds, New York: John Wiley and Sons, 1987: 189 ~ 191.

[21] 彭志方，燕平，骆宇时，等. 镍基单晶合金 CMSX-2 持久拉伸断裂时相密度及 γ' 相含量分布测算[J]. 航空材料学报，2003(10): 8 ~ 13.

[22] 骆宇时，彭志方. 镍基高温合金 γ 和 γ' 相点阵常数的简捷人工神经网络测法[J]. 金属学报，2003，39(9): 897 ~ 902.

[23] 彭志方，刘攀. 一种测算镍基合金 γ' 相亚点阵元素浓度及点阵常数的方法[J]. 金属学报，2004，40(6): 569 ~ 573.

[24] 骆宇时，刘攀，彭志方. 镍基单晶合金枝晶典型区域相成分最优化测算法[J]. 金属学报，2002，38(8): 804 ~ 808.

[25] Pen Z F, Ren Y Y, et al. Estimation of γ and γ' phase compositions in typical regions of original dendrite structure of Ni-base single crystal superalloy CMSX-2 [J]. Acta Metall Sin, 2001, 37(4): 345 ~ 352.

[26] 陈国良. 高温合金学[M]. 北京: 冶金工业出版社，1988: 265 ~ 266.

[27] Compling Group of Metallographic Altlas for High Temperature Alloys. Metallographic Altlas for High-Temperature Alloys[M]. Beijing: Metallurgical Industry Press, 1979: 25 ~27.

[28] Sims C T, Stoloff N S, Cagel H W. Superalloys Ⅱ[C]. New York: John Willy & Sons, Inc, 1987: 66 ~67.

[29] 陈国良. 高温合金学[M]. 北京: 冶金工业出版社, 1988: 4 ~18.

第7章 镍基单晶高温合金的组织稳定性和持久性能

合金组织稳定性关系合金的发展前途，其是否出现TCP相则是一个重要指标。高温合金的固溶强化尽管都在强化元素的溶解度极限以内，但许多固溶强化元素都是形成σ、μ、laves等TCP脆性相的主要元素。它们的含量越高，高温合金基体形成TCP相的倾向越大。高温合金的沉淀强化元素主要有铝和钛。铝形成γ'-Ni_3Al相，其中约60%的铝可被钛置换，因此，这种γ'相也表达为$Ni_3(Al,Ti)$相。高温合金中加入的沉淀强化元素越多，沉淀强化相的数量越大，合金的强化效果越好。但是沉淀强化元素含量太高，合金中要析出一些新的GCP相，如Ni_2AlTi、NiAl、Ni_3Ti、Ni_3Nb等，这些相往往都对合金的塑性有害，同时，这些相的大量析出，使合金基体中固溶强化元素铬、钼、钨等含量相对增加，从而增大了析出TCP相的倾向性。

TCP相通常以三种方式影响力学性能：

(1) 形态。长针状或薄片状的TCP相，往往是裂纹的发源地和裂纹迅速扩展的通道。

(2) 分布。当TCP相大量析出于晶界，形成一种脆性薄膜而包围晶粒时，裂纹将易于沿晶产生和扩展，使合金呈沿晶脆性断裂，而且强度也明显降低。

(3) 数量。当TCP相的数量超过某一数值时，不管它们的形态相分布如何，由于它们的存在，消耗了大量的固溶强化元素，如Cr、W、Mo、Co、Ni等，从而削弱了基体强度。同时，它们大量存在，增大了裂纹形成与连接的几率，因而对塑性和韧性也极为不利。

因此，TCP相对高温合金力学性能的影响取决于它们的形态、分布与数量。当它们的数量很少，而且呈颗粒状分布于晶内时，对力学性能并不发生明显影响。但是，具有TCP相形成倾向的高温合金热端零部件，在高温和应力的同时作用下，TCP相会加速形成并迅速长大，严重威胁着航空发动机和燃气轮机的安全。因此，在高温合金组织中防止 TCP 相析出是改善高温合金塑性和韧性的重要方法和途径。

涡轮叶片需要在高温环境下长期安全地工作，高蠕变抗力是叶片材料必须具备的基本性能。对于工作状态的单晶高温合金来说，即使应力水平远在屈服强度以下，蠕变现象仍是相当显著的。仅靠瞬时拉伸性能指标无法全面认识材料的行为特征，也不能预测和保证材料的安全使用条件。旋转运动产生的离心力是叶片所受的主要载荷形式，因此蠕变性能得到了广泛研究。为了预测材料的寿命，人们发展了多种方便实用的模型，如 Larson-Miller 参数，指数规律 $t_f = A\sigma^{-B}\exp(C/T)$ 等，但 Ashby 变形机制图指出，长时实验的蠕变机制与短时实验是不同的，根据高应力短时数据进行外推的可靠性受到限制，因此经验模型必须同微观组织分析相结合[1]。

不同成分的单晶合金对应不同的热处理制度，单晶合金中 γ′相形貌也能随热处理制度不同而发生变化。Kachaturyan 等人[2]的研究结果表明，合金经高温固溶处理后，在一定的温度条件下时效，γ′相形貌随时间的演化过程为球形、立方体、四块长方体和 8 个小立方体，最后排列成条状。张静华等人发现，在一定过冷度下直接时效，γ′相能以类枝晶形态析出，类枝晶 γ′相的择优生长方向是［110］，枝晶干中心不连续。孔丹等人对固态枝晶 γ′沉淀相的演化进行了研究，认为镍基单晶合金的枝晶状 γ′相具有以［111］为择优取向的 8 个枝晶轴为一体的形貌，枝晶 γ′相按照台阶机制长大，台阶的形成原因在于时效前后期的作用能不同，时效初期弹性应变能起主要作用，时效后期，由于大尺寸 γ′相表面位错网的形成，弹性应变能下降，台阶的形成主要受浓度梯度差别的影响。Glatzel 等人在单晶合金中证实了蝶形 γ′相的存在，并采用有限元方法计算了不同形貌 γ′相的 Von Miss 应力和应变能密度，研究结果指出随 γ′相形貌的不同，Von Miss 应力和应变能密度变化显著，蝶形 γ′相比立方体形貌 γ′相有更高的应变能和界面能。有关单晶合金组织与性能关系的研究工作开展了很多[3~9]，研究结果表明 γ′相呈规整分布的立方状形貌、尺寸为 0.5μm 时，单晶能获得理想的综合力学性能。

本章工作通过测算和实验的办法探讨了本实验合金的组织稳定

性，用计算和实验相结合的方法讨论了实验合金的 Larson-Miller 曲线和持久性能。

7.1 研究方法

合金成分及制备方法如第 6.1 节所述，在单晶试棒上垂直于纵轴切割，取样尺寸为 ϕ16mm×10mm，用作金相、电镜观察试样。

为研究热处理制度对持久性能的影响，试样分别采用如下的热处理制度：

(1) 1310℃/4h，AC；

(2) 1310℃/4h，AC+1000℃/4h，AC+870℃/24h，AC；

(3) 1310℃/4h，AC+1080℃/4h，AC+870℃/24h，AC；

(4) 1310℃/4h，AC+1150℃/4h，AC+870℃/24h，AC；

(5) 1310℃/4h，AC+1200℃/4h，AC+870℃/24h，AC；

(6) 1310℃/4h，AC+1250℃/4h，AC+870℃/24h，AC；

热处理在高温硅碳棒炉和中温电阻炉中进行，热处理后的单晶试棒经机械加工制成持久试样，持久试样的尺寸如图 7-1 所示，进行不同条件下的高温持久性能测试，持久性能为两个试样的平均值。

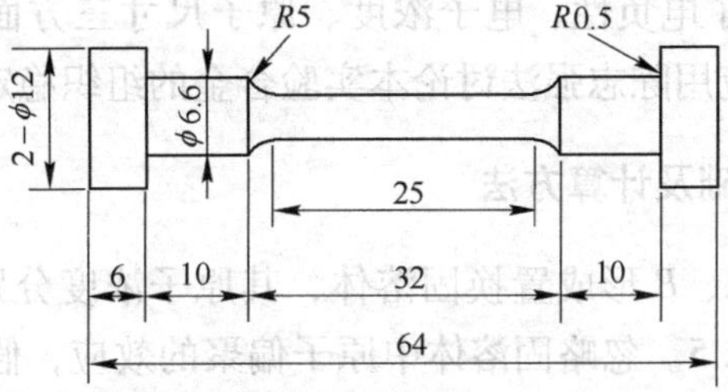

图 7-1 持久试样尺寸示意图（单位：mm）

不同热处理条件的试样经化学腐刻后，在 JSM-6301F 场发射扫描电镜上进行观察（化学腐刻液见第 6.2.1 节）。在距持久试样断口 2mm 处，沿轴向切下 0.5mm 薄片，机械减薄至 0.05mm，用双喷电解减薄法制备透射电镜样品，电解液为 10% $HClO_4$ +90% C_2H_5OH 溶液，减薄条件为温度小于 −20℃，电压 50V，电流 40A。用 Philip

EM420 透射电子显微镜观察 γ′相尺寸。

7.2 合金的组织稳定性分析

在高温合金的生产和使用过程中，应用相计算方法比较方便预测一个合金是否会形成 TCP 相，在长期使用时是否会变脆。过去通常采用的办法是在合金的工作温度进行长期时效和应力时效，然后用金相、电镜和 X 射线结构分析等方法确定组织结构，这样既费时间，又浪费大量人力物力。

目前，镍基单晶高温合金相稳定性的预测方法主要有 PHACOMP[10]法、Md[11]值法及其随后发展的应用合金 Mdt 值[12]预测的方法，陈志强等从合金相形成规律出发，建立了多元镍基合金相稳定性预测方法[13]，其中 PHACOMP 法的精度最差[14]，电子空位数 N_v 只考虑了合金元素电负性对合金化的影响，没有考虑合金元素电子浓度和原子尺寸的影响。Md 值进一步考虑了合金元素电负性、原子尺寸的影响，因而预测的精度要比 PHACOMP 法高，但仍忽略了电子浓度的影响，有较大的误差[15]。合金的固溶极限以及 TCP 相的形成是受合金元素的电负性、电子浓度、原子尺寸三方面因素控制的[16]。陈志强法[13]考虑了电负性、电子浓度、原子尺寸三方面因素，预测精度较高。本节应用陈志强法讨论本实验合金的组织稳定性。

7.2.1 理论基础及计算方法

金属组元 A、B 形成置换固溶体，其原子浓度分别为 $1-c$ 和 c，A 为溶剂，$c \leqslant 0.5$。忽略固溶体中原子偏聚的效应，假定原子是按统计分布在点阵位置上，而且原子对是相互独立的。在某一温度下，组元 B 在 A 中的最大固溶度 S 可以近似表示为式（7-1）[10]：

$$C = A_1(\Delta R) + A_2(\Delta N)^2 + A_3(\Delta E^{1/3}) + A_4 \tag{7-1}$$

式中 A_1，A_2，A_3，A_4——与温度有关的常数；

ΔR——溶质元素 B 与溶剂元素 A 的原子半径之差；

ΔN——溶质元素 B 与溶剂元素 A 的电负性之差；

$\Delta E^{1/3}$——溶质元素 B 与溶剂元素 A 的外层电子数的立方根之差。

对于多元合金，由于理论上的不足，还很难建立多元合金的固溶度方程。这里利用合金元素的原子尺寸、电负性、外层电子数做如下二元化处理（见式（7-2））：

$$X_1 + X_2 + X_3 + \cdots + X_i = B \tag{7-2}$$

式中 X_i——合金元素 i，$i=1,2,3,\cdots$；

B——虚拟合金元素。

而这个虚拟合金元素的原子半径 R_s 及 N_s、$E_s^{1/3}$ 分别为：

$$R_s = \frac{\sum_i a_i R_i}{\sum_i a_i} \tag{7-3}$$

$$N_s = \frac{\sum_i a_i N_i}{\sum_i a_i} \tag{7-4}$$

$$E_s^{1/3} = \frac{\sum_i a_i E_s^{1/3}}{\sum_i a_i} \tag{7-5}$$

对于 n 元镍基合金，假设合金元素在镍基体中均匀分布，合金化元素的平均原子半径、电负性和电子密度的立方根与纯镍元素之差可定义为：

$$\Delta R_{Ni} = \sum_i^n \left[\frac{a_i}{\sum_i^n a_i} R_i \right] - R_{Ni} \tag{7-6}$$

$$\Delta N_{Ni} = \sum_i^n \left[\frac{a_i}{\sum_i^n a_i} N_i \right] - N_{Ni} \tag{7-7}$$

$$\Delta E_{Ni}^{1/3} = \sum_i^n \left[\frac{a_i}{\sum_i^n a_i} E_{Ni}^{1/3} \right] - E_{Ni}^{1/3} \tag{7-8}$$

$$a_i = f_i c_i \tag{7-9}$$

式中 R_i——合金元素 i 的 Wigner-Seitz 原子半径；

N_i——合金元素 i 的 Miedema 电负性；

E_i——合金元素 i 的外层电子数；

R_{Ni}——纯镍的原子半径；

N_{Ni}——纯镍的 Miedema 电负性；

E_{Ni}——纯镍的外层电子数；

ΔR_{Ni}——合金元素的平均原子半径与镍元素的原子半径之差；

ΔN_{Ni}——合金元素的平均电负性与镍元素的电负性之差；

$\Delta E_{Ni}^{1/3}$——合金元素的平均外层电子数的立方根与镍外层电子数的立方根之差；

a_i——合金元素在合金中的活度；

f_i——合金元素在合金中活度系数；

c_i——合金元素在合金中的浓度。

这里讨论合金的相稳定性只考虑 TCP 相析出倾向问题，典型的 TCP 相有 σ 相、μ 相。在高温合金中，TCP 相通常从 γ 相中析出[17]，因而单晶高温合金的 TCP 相析出倾向问题又转化为基体 γ 相的 TCP 相析出的问题。另外，合金的一些制备工艺因素也影响合金 TCP 相的形成，例如热处理制度、定向凝固工艺等。这里考虑了成分和热处理制度的影响。

从相界计算可知，当合金的成分小于固溶极限时，没有 TCP 相的形成，因而只要单晶高温合金中总的合金元素加入量小于固溶极限时，合金中将不会出现 σ 相、μ 相等 TCP 相。由于合金元素的固溶极限是随温度而变化的，因此在最后的时效处理过程中，合金不会析出纯金属相，也就不会形成 TCP 相。换句话说，只要在最后时效处理过程中，完全析出 γ′相时，剩余合金基体 γ 相成分小于该时效温度下的固溶极限时，基体 γ 相就不会有 TCP 相析出。时效完成后，一般是快速冷却，基体 γ 相随温度下降出现过饱和，但来不及析出新相。可以认为，只要热处理后基体的合金元素总量小于该时效温度下的固溶极限时，热处理后合金基体就不可能析出 TCP 相。一般地，单晶高温合金的最后一级时效处理在 870℃进行，因而要保证单晶高温合金没有 TCP 相的析出倾向，热处理后合金的基体元素总量应小于 870℃的固溶极限。在镍中，870℃时，根据式（7-1）和二元镍基合金的试验数据[18]，得到固溶极限方程：

$$S|_{T=870℃} = 44.78448 - 68.5517\Delta R - 3.4853\Delta N^2 - 31.9337\Delta E^{1/3} \tag{7-10}$$

那么，只要基体 γ 相合金元素的加入总量小于对应合金化参数的最大固溶度 $S|_{T=870℃}$ 时，单晶高温合金的基体 γ 相就是稳定的，没有 TCP 相的析出倾向。

计算步骤如下：

（1）计算合金 γ 相和 γ′相的成分，计算方法见第 6.3.3.1 小节。

（2）由 γ 相的成分计算 γ 相的合金元素加入总量 S_g，采用文献［18］中的方法对镍基单晶高温合金的 γ 相固溶体作二元化处理，忽略原子间的相互作用，则 $f_i = 1$，有：

$$\Delta R = \sum_i^n \left[\frac{C_i}{\sum_i^n C_i} R_i \right] - R_{Ni} \tag{7-11}$$

$$\Delta N = \sum_i^n \left[\frac{C_i}{\sum_i^n C_i} N_i \right] - N_{Ni} \tag{7-12}$$

$$\Delta E^{1/3} = \sum_i^n \left[\frac{C_i}{\sum_i^n C_i} E_i^{1/3} \right] - E_{Ni}^{1/3} \tag{7-13}$$

由式(7-11) ~ 式(7-13)计算 γ 相的 ΔR、ΔN、$\Delta E^{1/3}$ 的值。

（3）根据式（7-10）计算对应 ΔR、ΔN、ΔE 下的 $S|_{T=870℃}$。

（4）计算 $\Delta S = S|_{T=870℃} - S_g$。

（5）$\Delta S < 0$，合金有析出 TCP 相的倾向；$\Delta S > 0$，则没有析出 TCP 相的倾向。

计算结果见表 7-1 和表 7-2。

表 7-1 合金元素参数[18] 以及合金试样 γ 相成分 （%）

元 素	Cr	Co	Mo	W	Al	Ti	Ta	Ni
合金试样 γ 相成分（原子分数）	17.3	7.13	1.25	2.76	4.53	0.71	0.06	66.27
R_i	2.684	2.615	2.982	2.945	2.972	3.052	3.608	2.603
N_i	4.65	5.10	4.65	4.80	4.20	3.65	4.05	5.20
$E_i^{1/3}$	1.73	1.75	1.77	1.81	1.39	1.47	1.63	1.75

表 7-2 合金试样 870℃在镍中的最大固溶度 $S|_{T=870℃}$ 和 TCP 相计算结果

ΔR	ΔN	$\Delta E^{1/3}$	$a_S|_{T=870℃}$/at%	ΔS/at%	TCP/Vol%
0.1467	−0.5249	−0.059	33.77	0.044	0

7.2.2 分析与讨论

由上面的计算可知，$\Delta S>0$，实验合金没有析出 TCP 相的倾向。但由于铸造合金的不均匀性，合金的一些制备工艺因素的影响，有时会出现实际与理论的偏差，为了进一步验证预测，进行了 1000h 的长期时效实验。根据合金在较先进发动机涡轮叶片的使用温度，确定实验温度为 950℃。

在前述的热处理实验中（包括 870℃/24h 时效），经组织观察，未发现 TCP 相。图 7-2 为经热处理后合金在 950℃下长期时效 1000h

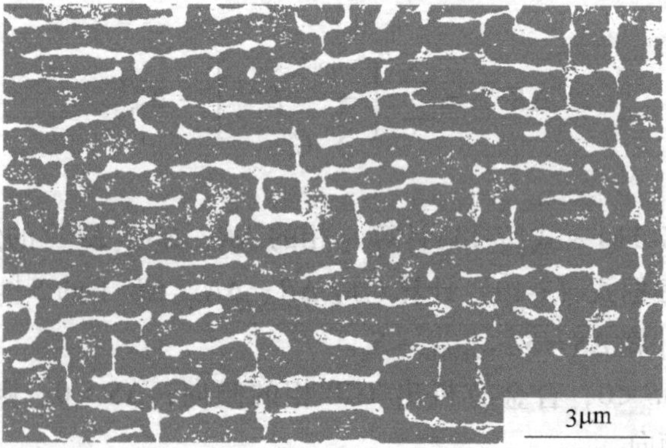

图 7-2 热处理后合金在 950℃下长期时效 1000h 后的背散射组织形貌

后的背散射组织形貌，结果也表明无 TCP 相和其他异常相析出。实验结果与进行的 TCP 相预测相符。一般来说，$M_{23}C_6$ 和 M_6C 等碳化物可能促使 TCP 相析出，本实验单晶合金的显微组织中没有碳化物相，这也消除了 TCP 相的形核源。

从上面的计算原理可以看出，对于多元合金，往合金中加入固溶度较小的合金元素如铝、钽等将降低合金的固溶极限值；往合金中加入固溶度较大的合金元素如钴、钼、铬等将增加合金元素的固溶极限值。也就是说，合金系的固溶极限是随合金元素加入的比例不同而变化的。钴、钼、铬等与镍的原子半径差、电负性差、电子浓度差较小，提高这些元素的加入比例，将降低 ΔR、ΔN、$\Delta E^{1/3}$ 的值，提高合金系的固溶极限值，合金元素允许加入的总量提高，也就是说，$S|_{T=870℃}$ 将随之变化。

然而相计算也存在某些不足。例如，对析出相的成分、数量和顺序所做的假设，不是对所有合金都符合实际，临界电子空位数对个别合金有例外；个别元素的电子空位数随成分而变化；没有考虑铸造高温合金存在的成分偏析等。但是可以相信，它在今后的实践中必将进一步完善和发展。

7.3 合金的 Larson-Miller 曲线和持久性能

7.3.1 合金的 Larson-Miller 曲线预测

7.3.1.1 理论基础

单晶高温合金的有效持久寿命 t_r 主要取决于稳态蠕变速率 ε'_s，它们之间的关系由 Monkman-Grant 方程决定[19]（见式（7-14））：

$$t_r = \frac{B}{\varepsilon'_s} \tag{7-14}$$

式中，B 为与合金成分有关的常数。

稳态蠕变速率的表观方程见式（7-15）：

$$\varepsilon'_s = A\left(\frac{\sigma}{E(T)}\right)^n \exp\left(\frac{Q_e}{RT}\right) \tag{7-15}$$

式中 A——结构常数；

σ——蠕变应力；

$E(T)$——纯镍的杨氏弹性模量；

Q_e——表观激活能；

R——气体常数；

T——绝对温度；

n——应力指数。

由式（7-14）、式（7-15）可得：

$$t_r = \frac{B}{\varepsilon'_s} = \frac{B}{A}\left(\frac{\sigma}{E(T)}\right)^{-n}\exp\left(-\frac{Q_e}{RT}\right) \tag{7-16}$$

式（7-16）两边取对数，得式（7-17）：

$$\lg t_r = \lg B - \lg A + n\cdot\lg E(T) - \frac{Q_e}{RT}\cdot\lg e - n\cdot\lg\sigma \tag{7-17}$$

对于一定温度下的某种合金来说，式（7-17）中的结构常数 A、表观激活能 Q_e、应力指数 n 以及与合金成分有关的 B 都是常数，而纯镍的杨氏弹性模量 $E(T)$ 和气体常数 R 也是常数，因此式（7-17）右侧前四项可以合并为一个常数 C（见式（7-18））：

$$C = \lg B - \lg A + n\cdot\lg E(T) - \frac{Q_e}{RT}\cdot\lg e \tag{7-18}$$

式（7-17）则变为：

$$\lg t_r = C - n\cdot\lg\sigma \tag{7-19}$$

7.3.1.2 预测方法

式（7-18）中的 C 是与合金的成分和结构有关的函数。实测数据表明[20]，结构常数对 C 值影响不大，C 值主要取决于合金成分。也就是说，在一定温度下，C 值是合金成分的函数。根据可以收集到的一些已知的镍基高温单晶合金的成分及其持久寿命，可以利用式（7-19）计算出各种镍基单晶合金在某一特定温度下的 C 值，再使用线性回归方法计算出特定温度下各种合金的 C 值与合金成分的函数关系式。

计算步骤如下：

（1）单晶合金成分换算为原子浓度，计算某一特定温度下的 C 值。

（2）由式（7-19）计算得到合金在某一温度下不同外应力作用下的持久寿命。

（3）由 $P = T \times (\lg t_r + 20)$ 式计算得到不同应力作用下的 P 值作出 Larson-Miller 曲线图。

应用这种方法可预测实验合金的 Larson-Miller 曲线。计算过程如下：

表 7-3 为取自各种文献的 28 种镍基单晶合金的化学成分及其持久寿命试验数据。第 1～16 种合金资料取自文献［20，21］，第 17～28 种合金资料取自文献［21，22］。

表 7-3 28 种镍基单晶合金的化学成分（质量分数）、持久寿命 t_r 及 C 计算值（982℃/248.2MPa）（%）

编号	Ni	Al	Cr	Co	Mo	W	Re	Ta	Ti	Nb	Hf	t_r	C
1	65.80	5.40	7.90	5.00	2.00	6.90	0.00	5.90	1.00	0.00	0.10	106.7	17.48
2	62.20	5.50	7.50	10.00	2.00	4.90	2.90	3.90	1.00	0.00	0.10	162.1	17.66
3	59.50	5.50	7.00	10.00	2.00	6.00	3.00	6.90	0.00	0.00	0.10	270.2	17.88
4	59.10	5.40	7.10	10.00	2.10	7.00	3.00	6.20	0.00	0.00	0.10	296.5	17.92
5	59.00	5.50	7.00	10.00	0.00	3.50	4.00	11.00	0.00	0.00	0.10	270.2	17.88
6	59.30	5.60	5.00	10.00	2.00	4.00	3.10	11.00	0.00	0.00	0.10	317.9	17.95
7	60.87	6.00	2.90	8.50	0.70	7.40	5.10	7.50	0.70	0.30	0.10	429.9	18.08
8	61.90	6.00	2.70	8.10	0.70	7.00	4.80	7.80	0.70	0.30	0.10	517.7	18.16
9	62.90	5.70	2.60	7.70	0.70	6.40	4.70	8.30	0.60	0.30	0.10	609.1	18.23
10	65.20	5.40	4.00	5.00	0.60	6.00	4.70	8.10	0.60	0.30	0.10	429.9	18.08
11	63.60	5.90	2.20	7.20	0.70	6.40	4.80	8.20	0.60	0.30	0.10	609.1	18.23
12	63.00	6.00	2.40	7.70	0.70	6.40	5.00	7.90	0.60	0.30	0.10	638.0	18.25
13	65.70	5.60	3.00	4.60	0.40	5.30	5.00	9.40	0.90	0.00	0.10	429.9	18.08
14	66.70	5.50	3.50	3.00	0.40	5.10	6.10	8.80	0.80	0.00	0.10	450.4	18.10
15	66.70	5.60	2.70	3.50	0.50	5.40	6.00	8.80	0.80	0.00	0.10	542.3	18.18

续表 7-3

编号	Ni	Al	Cr	Co	Mo	W	Re	Ta	Ti	Nb	Hf	t_r	C
16	62.52	5.50	3.40	8.00	0.50	6.10	5.30	7.60	1.00	0.00	0.10	609.1	18.23
17	64.07	3.35	7.50	7.50	1.44	7.60	0.00	3.72	4.30	0.52	0.00	149.0	17.62
18	63.87	3.30	7.50	7.40	1.43	5.20	2.98	3.52	4.30	0.50	0.00	210.7	17.77
19	62.21	3.50	8.15	7.40	1.48	7.50	0.00	3.75	4.40	0.49	1.12	113.4	17.51
20	63.81	3.50	8.95	7.60	1.46	6.00	0.00	3.72	4.45	0.51	0.00	107.2	17.48
21	62.47	3.40	8.95	7.30	1.46	6.40	0.00	3.81	4.50	0.51	1.20	55.6	17.20
22	62.06	3.40	10.10	7.40	1.46	7.70	0.00	3.40	3.95	0.53	0.00	157.8	17.65
23	62.11	3.40	10.90	7.30	1.45	7.60	0.00	3.38	3.35	0.51	0.00	110.1	17.49
24	61.94	2.70	13.50	7.10	1.47	5.85	0.00	2.97	3.95	0.52	0.00	35.1	17.00
25	60.29	3.95	14.00	7.00	1.46	7.70	0.00	3.09	2.00	0.51	0.00	38.3	17.04
26	60.50	3.00	14.00	9.50	4.00	4.00	0.00	0.00	5.00	0.00	0.00	25.0	16.86
27	59.30	4.80	8.90	10.00	2.50	7.00	0.00	3.50	2.50	0.00	1.50	80.0	17.36
28	61.00	5.50	5.00	12.00	1.00	5.00	3.00	6.00	0.00	0.00	1.50	100.0	17.45

表 7-3 中最后一列就是式（7-19）中的 C 值。第 1～16 种合金的 C 值取自文献［20］，第 17～28 种合金的 C 值按式（7-19）计算所得。式(7-19)中的应力指数 n 对各种合金应是常数，按文献［20］给出的合金持久寿命 t_r 和 C 值，按式（7-19）求得各种合金的 n 值列于表 7-4。

利用表 7-4 中的 C 和 n 的值做线性回归可得 C 和 n 的关系式，见式（7-20）：

$$n = 6.5147 - 0.2398 \times C \tag{7-20}$$

线性方程（7-20）的回归计算中，相关系数 $R^2 = 0.996$，标准差 d.f. =14，显著性水平值 sig. f. <0.001。回归直线如图 7-3 所示，两条线分别为表 7-4 中给出的 n 和回归线。表 7-4 中各种合金按回归方程（7-20）计算出的 n 值列于表 7-4 最后一列（n）。表 7-3 中第 17～28 种合金的 C 值按式（7-19）计算时，n 值按式（7-20）计算取值。

表 7-4 文献［20］给出的 16 种合金 t_r 和 C 值及计算出的 n 值

编号	t_r	C	n	(n)
1	107.50	17.48	2.32	2.3230
2	164.70	17.66	2.28	2.2798
3	271.50	17.88	2.23	2.2271
4	272.90	17.88	2.23	2.2271
5	299.20	17.92	2.22	2.2175
6	319.60	17.95	2.21	2.2103
7	424.90	18.08	2.18	2.1791
8	428.00	18.08	2.18	2.1791
9	435.40	18.08	2.18	2.1791
10	452.00	18.10	2.17	2.1743
11	519.70	18.16	2.16	2.1599
12	544.30	18.18	2.15	2.1551
13	601.20	18.23	2.15	2.1431
14	605.00	18.23	2.14	2.1431
15	610.00	18.23	2.14	2.1431
16	628.40	18.25	2.14	2.1384

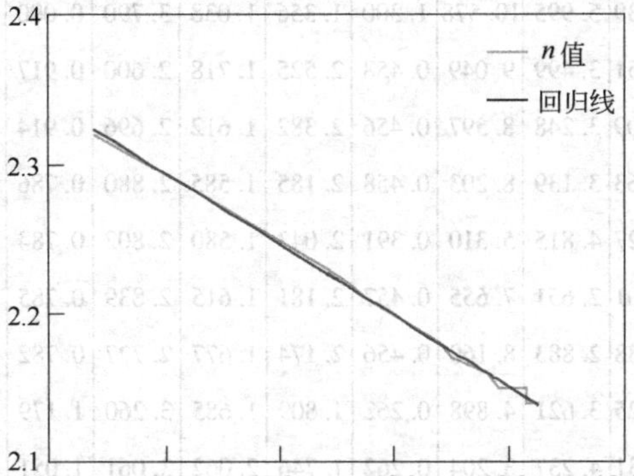

图 7-3 t_r—C-n 线性回归结果

表 7-3 列出 28 种镍基高温单晶合金的化学成分和一定条件下的持久寿命及其 C 值，使用线性回归方法可以求出同一温度下各种合金的 C 值与合金成分的函数关系式。假设各种合金的 C 值与其成分有线性关系（回归结果可以验证此假设合理）且可以用式（7-21）表示：

$$C = C_0 + \sum_i k_i c_i \tag{7-21}$$

式中，C_0 为常数项；k_i 为元素 i 的系数；c_i 为元素 i 在合金中的浓度（at%）。使用表 7-3 所列的 28 种合金成分及其 C 值，经线性回归分析可得式（7-21）中的 C_0 和 k_i 值。

回归计算时需要将表 7-3 所列 28 种合金的成分（质量分数）转换成原子浓度（原子分数），结果见表 7-5。

表 7-5 28 种镍基单晶合金的化学成分（原子分数）及其 C 值

编号	Ni	Al	Cr	Co	Mo	W	Re	Ta	Ti	Nb	Hf	C
1	67.108	11.984	9.097	5.080	1.248	2.247	0.000	1.952	1.250	0.000	0.034	17.48
2	62.939	12.110	8.569	10.081	1.238	1.583	0.925	1.280	1.240	0.000	0.033	17.66
3	62.179	12.507	8.260	10.411	1.279	2.002	0.989	2.340	0.000	0.000	0.034	17.88
4	61.989	12.324	8.409	10.449	1.348	2.345	0.992	2.110	0.000	0.000	0.035	17.92
5	62.227	12.622	8.336	10.507	0.000	1.179	1.330	3.764	0.000	0.000	0.035	17.88
6	62.969	12.939	5.995	10.578	1.300	1.356	1.038	3.790	0.000	0.000	0.035	17.95
7	65.045	13.951	3.499	9.049	0.458	2.525	1.718	2.600	0.917	0.203	0.035	18.08
8	65.948	13.909	3.248	8.597	0.456	2.382	1.612	2.696	0.914	0.202	0.035	18.16
9	67.262	13.263	3.139	8.203	0.458	2.185	1.585	2.880	0.786	0.203	0.035	18.23
10	69.511	12.527	4.815	5.310	0.391	2.043	1.580	2.802	0.784	0.202	0.035	18.08
11	67.877	13.701	2.651	7.655	0.457	2.181	1.615	2.839	0.785	0.202	0.035	18.23
12	67.017	13.888	2.883	8.160	0.456	2.174	1.677	2.727	0.782	0.202	0.035	18.25
13	70.226	13.025	3.621	4.898	0.262	1.809	1.685	3.260	1.179	0.000	0.035	18.08
14	71.510	12.831	4.237	3.204	0.262	1.746	2.062	3.061	1.051	0.000	0.035	18.10
15	71.558	13.073	3.271	3.741	0.328	1.850	2.030	3.063	1.052	0.000	0.035	18.18
16	66.549	12.739	4.086	8.483	0.326	2.073	1.779	2.625	1.305	0.000	0.035	18.23

续表 7-5

编号	Ni	Al	Cr	Co	Mo	W	Re	Ta	Ti	Nb	Hf	*C*
17	65.771	7.483	8.693	7.670	0.905	2.491	0.000	1.239	5.410	0.337	0.000	17.62
18	65.781	7.395	8.722	7.593	0.901	1.710	0.968	1.176	5.428	0.325	0.000	17.77
19	64.142	7.852	9.488	7.601	0.934	2.469	0.000	1.254	5.560	0.319	0.380	17.51
20	64.523	7.701	10.219	7.656	0.903	1.937	0.000	1.220	5.515	0.326	0.000	17.48
21	63.972	7.576	10.349	7.447	0.915	2.093	0.000	1.266	5.648	0.330	0.404	17.20
22	63.413	7.559	11.653	7.533	0.913	2.513	0.000	1.127	4.947	0.342	0.000	17.65
23	63.425	7.555	12.568	7.426	0.906	2.478	0.000	1.120	4.193	0.329	0.000	17.49
24	62.545	5.932	15.392	7.142	0.908	1.886	0.000	0.973	4.889	0.332	0.000	17.00
25	61.026	8.700	16.001	7.059	0.904	2.489	0.000	1.015	2.481	0.326	0.000	17.04
26	59.225	6.390	15.475	9.265	2.396	1.250	0.000	0.000	5.999	0.000	0.000	16.86
27	60.378	10.634	10.232	10.143	1.558	2.276	0.000	1.156	3.120	0.000	0.502	17.36
28	63.434	12.445	5.871	12.432	0.636	1.660	0.984	2.024	0.000	0.000	0.513	17.45

对表 7-5 中的各合金化学成分及 *C* 值进行多元线性回归，用 11 种成分作为自变量，用 *C* 值作为因变量，使用 SPSS12.0 统计软件进行线性回归分析，回归结果见表 7-6～表 7-10。

表 7-6　多元线性回归包含变量

模　型	输 入 变 量	移出变量	方　法
1	Hf、Cr、W、Co、Nb、Mo、Ti、Ta、Re、Al		Enter

注：极限可达 .000。

表 7-7　模型概要

模　型	复相关系数	决定系数	校正决定系数	估值标准差
1	0.978	0.956	0.931	0.1080679

注：预测模型中含有（恒定）Hf、Cr、W、Co、Nb、Mo、Ti、Ta、Re、Al。

表 7-8　方差分析

模型	参数	平方和	自由度	均方	统计量	显著性水平
1	回归方程	4.356	10	0.436	37.300	.000
	残差	0.199	17	0.012		
	合计	4.555	27			

注：预测模型中含有（恒定）Hf、Cr、W、Co、Nb、Mo、Ti、Ta、Re、Al。

表 7-9 回归系数

模型	元 素	回归系数	标准差	标准化系数	检验值	显著性水平
1	(Constant)	17.562	0.850		20.650	0.000
	Al	-4.364E-02	0.050	-0.292	0.880	0.391
	Cr	-6.694E-02	0.021	0.657	-3.199	0.005
	Co	2.636E-02	0.013	0.139	1.994	0.062
	Mo	1.003E-02	0.090	0.012	0.111	0.913
	W	0.293	0.093	0.278	3.147	0.006
	Re	0.158	0.088	0.299	1.784	0.092
	Ta	0.146	0.063	0.348	2.312	0.034
	Ti	1.602E-02	0.047	0.086	0.344	0.735
	Nb	0.376	0.328	0.136	-1.147	0.267
	Hf	0.636	0.181	0.239	-3.519	0.003

表 7-10 多元线性回归中的排除变量

模型	元素	Beta In β	检验值	显著性水平	偏相关	共线性统计
						极限
1	Ni	52597.486	1.592	0.131	0.370	2.155E-12

注：预测模型中含有（恒定）Hf，Cr，W，Co，Nb，Mo，Ti，Ta，Re，Al。

所求的合金 C 值与成分的线性方程为：

$$C = 17.562 - 0.04364\text{Al} - 0.06694\text{Cr} + 0.02636\text{Co} + 0.01003\text{Mo} + 0.293\text{W} + 0.158\text{Re} + 0.146\text{Ta} + 0.01602\text{Ti} - 0.376\text{Nb} - 0.636\text{Hf} \quad (7\text{-}22)$$

由式（7-22）可以算出实验合金（化学成分见第 6.2.1 节）的 C 值为 17.5695（$T=982$℃），由式（7-19）可以算出在 $T=982$℃，$\sigma=248.2$MPa 时的持久寿命 $t_r=131.4032$（n 值按式（7-20）取 2.3015）。

将式（7-19）变换形式可得

$$t_r = \text{C} \times \lg e - n \times \lg\sigma \quad (7\text{-}23)$$

由式（7-23）可以算出实验合金在 $T=982$℃ 时各种载荷 σ 下的

持久寿命 t_r。计算所得的 $\lg\sigma$ 和 $\lg t_r$ 对应值列于表 7-11。

表 7-11 实验合金的 $\lg\sigma$ 和 $\lg t_r$

（$T=982℃=1255K$，$C=17.5695$，$n=2.3015$）

$\lg\sigma$	1.8	1.9	2.0	2.1	2.2	2.3	2.4	2.5	2.6	2.7	2.8	2.9	3.0	3.1	3.2
$\lg t_r$	3.49	3.26	3.03	2.80	2.57	2.34	2.11	1.88	1.65	1.42	1.19	0.96	0.73	0.50	0.27
P	29.48	29.19	28.90	28.61	28.32	28.03	27.74	27.45	27.17	26.88	26.59	26.30	26.01	25.72	25.43

用式（7-24）计算表 7-11 中各种 $\lg\sigma$ 和 $\lg t_r$ 对应的 $P(\sigma)$ 参数值。计算结果列于表 7-11 第三行。

$$P = T \times (\lg t_r + 20) \tag{7-24}$$

将表 7-11 中的 $\lg\sigma$-P 值绘制成曲线，即得合金的 Larson-Miller 曲线。

7.3.1.3 计算结果及讨论

按上述方法得到实验合金的 Larson-Miller 曲线如图 7-4 所示。

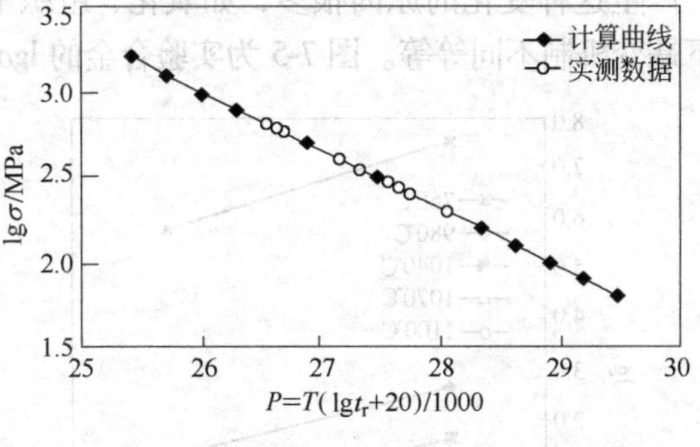

图 7-4 实验合金的 Larson-Miller 曲线

表 7-12 为实验合金在不同温度（T）、不同载荷（σ）条件下实际测试出的持久寿命（t_r）数据。将实测数据的 $\lg\sigma$-P 值画入图 7-4 可以验证实验合金 Larson-Miller 计算曲线的准确程度。由图 7-4 可见，实测数据与计算曲线基本重合，说明具有良好的预测精度。

表 7-12 实验合金持久寿命实验数据

实验合金持久寿命实验数据									
T/℃	1000			950			850		
T/K	1273	1273	1273	1223	1223	1223	1123	1123	1123
σ/MPa	200	256	280	300	350	400	590	610	650
t_r/h	148.5	59.5	36.5	191.5	48.3	42.3	106.5	94	25.5
根据实验数据计算的 P 值（$P = T(\lg t_r + 20)/1000$）									
$\lg\sigma$	2.30	2.41	2.45	2.48	2.54	2.60	2.77	2.79	2.81
P	28.03	27.72	27.61	27.52	27.33	27.16	26.67	26.63	26.55

通常蠕变数据多来自短时间的蠕变试验，对于长时间使用高温部件的设计与选用就要求把短时试验蠕变数据外推得到长期蠕变数据。这个问题对于使用寿命超过 10 万小时的部件更为重要，按照式(7-16)，一般可以把等温蠕变试验数据用“σ-$\lg t_r$”或“$\lg\sigma$-$\lg t_r$”图上的直线表示（t_r 可以是达到一定蠕变量的时间或断裂时间），从而可以外推。用这种方法外推会带来严重过高估计的结果，因为，对于几千小时的试验数据，σ-$\lg t_r$ 或 $\lg\sigma$-$\lg t_r$ 关系确是直线，但几万小时后就变为曲线了。产生这种变化的原因很多，如氧化、组织不稳定、不同温度和应力下蠕变机制不同等等。图 7-5 为实验合金的 $\lg\sigma$-$\lg t_r$ 图。

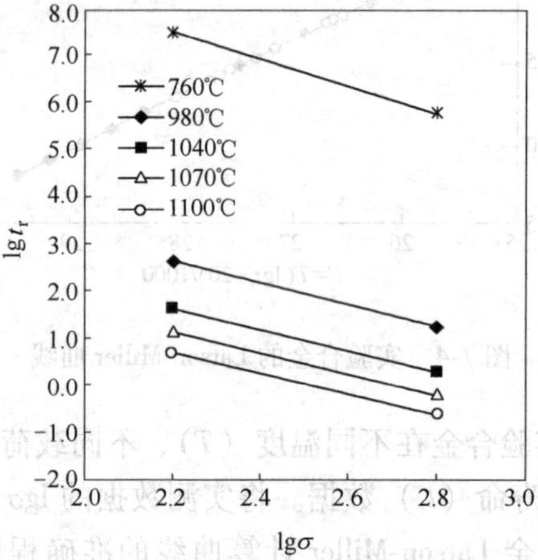

图 7-5 实验合金在不同温度下的 $\lg\sigma$-$\lg t_r$ 曲线图

7.3.2 热处理对持久性能的影响

高温合金即使材料相同，弹性极限应力（屈服点）和抗拉强度大体相等，由于其化学成分、加工工艺、热处理等有微小差异，蠕变强度也大不相同。一般地说，金属和合金的蠕变强度，较之弹性极限应力和抗拉强度具有更大的组织敏感性，所以随着化学成分、热处理等引起的组织变化而变化。为此本节讨论热处理对蠕变强度的影响，探讨组织与持久性能间的关系。

表7-13[23]为单晶合金在铸态和不同热处理状态下的高温持久性能，持久实验条件为1010℃/248MPa，表7-13中的热处理工艺为：

（1）1310℃/4h，AC。

（2）1310℃/4h，AC+1000℃/4h，AC+870℃/24h，AC。

（3）1310℃/4h，AC+1080℃/4h，AC+870℃/24h，AC。

（4）1310℃/4h，AC+1150℃/4h，AC+870℃/24h，AC。

（5）1310℃/4h，AC+1200℃/4h，AC+870℃/24h，AC。

（6）1310℃/4h，AC+1250℃/4h，AC+870℃/24h，AC。

表7-13 热处理工艺对合金（1010℃/248MPa）持久性能的影响

热处理工艺	持久寿命/h	δ/%	ψ/%
铸 态	19	26.8	28.4
处理工艺（1）	32	27.6	34.8
处理工艺（2）	41	31.2	35.9
处理工艺（3）	65	45.6	47.2
处理工艺（4）	51	36.5	39.6
处理工艺（5）	46	34.3	37.6
处理工艺（6）	39	28.7	31.6

由持久性能测试结果得知，合金经工艺1310℃/4h、AC+1080℃/4h、AC+870℃/24h、AC处理后的持久寿命最高，达到了65h，延伸率约为45.6%。经不同温度时效处理后，合金的持久寿命得到进一步提高，延伸率也没有下降，甚至有所增大。铸态合金的持久寿命最低，经热处理后的合金持久性能均高于铸态合金。

众所周知，在高温外加应力作用下，γ/γ′共晶是优先形成裂纹的地方，通过组织观察发现在 γ/γ′共晶及附近确有裂纹产生，γ/γ′共晶的存在严重地影响了合金性能的发挥，其含量越多、尺寸越大，单晶合金性能降低的幅度越大，大量 γ/γ′共晶的存在是铸态单晶合金持久性能低的根本原因[23]（见图 7-6）。

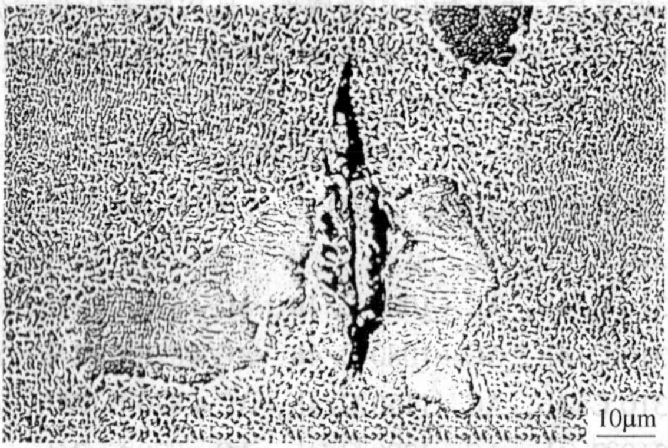

(a)

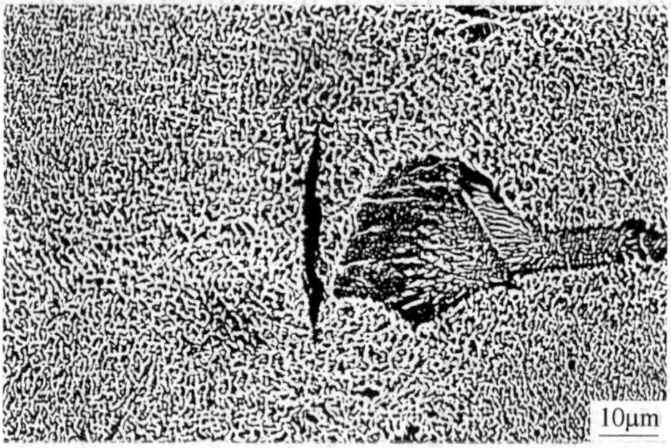

(b)

图 7-6 铸态合金持久过程中的裂纹源

（a）γ/γ′共晶组织；（b）γ/γ′共晶组织附近

热处理消除了单晶合金中的 γ/γ′共晶组织，持久性能得到显著提高，但热处理工艺不同，使合金获得了不同的持久性能，表明单晶合金的持久性能与显微组织有密切的关系。单晶合金的强化方式为固溶强化和γ′相沉淀强化，其中γ′相沉淀强化是单晶合金的主要强化方式。γ′相形貌、尺寸、分布对合金的持久性能有很大的影响，P. Caron[24]等人认为γ′相呈立方体形貌均匀分布，且平均尺寸为0.5μm时，单晶合金能获得最好的蠕变性能。立方γ′相规则分布使单晶合金获得了均匀的变形结构，加强了γ′相相对位错的阻碍作用，提高了γ′相的强化效果，使单晶合金获得理想的持久性能。另外，在高温持久过程中γ′相形成筏状组织，γ′筏状组织不仅能抑制高温形变时位错的绕过运动，而且能阻碍借助于扩散的位错攀移运动，位错只能以切割方式通过筏状组织，完善的γ′相筏状组织有利于提高单晶合金的持久性能，γ′相形貌对其筏状组织完善程度有很大影响。

参 考 文 献

[1] 黄乾尧，李汉康．高温合金[M]．北京：冶金工业出版社，2000：48～50.

[2] Khachaturyan A G，Semennovskays S V，Morris J W. Theoretical analysis of strain-induced shape changes in cubic precipitates during coarsening[J]. Acta Metall 1988，36：1563～1572.

[3] 华东．第三代单晶合金[J]．航空制造工程，1995，12：9～11.

[4] 任英磊，金涛，管恒荣，等．热处理制度对一种单晶镍基高温合金γ′相形貌演化的影响[J]．机械工程材料，2001，25(4)：7～10.

[5] 徐祖耀，李鹏兴．材料科学导论[M]．上海：上海科学技术出版社，1986：9～99.

[6] 胡康祥，钱苗根．金属学[M]．上海：上海科学技术出版社，1980：17～101.

[7] Muller L，Glatzel U，Feller-Kniepmeier M. Modelling thermal misfit stresses in nickel-base superalloys containing high volume fraction of γ′ phase[J]. Acta Metallurgica et Materialia，1992，40(6)：1321～1327.

[8] 肖纪美．合金相与相变[M]．北京：冶金工业出版社，1987：233～235.

[9] 冯端．金属物理学（第一卷）[M]．北京：科学出版社，1998：119～123.

[10] H J Murphy，C T Sims，A M Beltran. PHACOMP Revisited [J]，Journal of Metals，1968 (11)：46～53.

[11] Morinaga M，Yukawa N，Adachi H，et al. New PHACOMP and its application to alloy design[Z]. In：Proceedings of 5th International Symposiumon Superalloys，Seven Springs Mountain Resort，PA，1984：523～524.

[12] Murata Y，Morinaga M，Yukawa N. An electronic approach to alloy design and its application to Ni-based single-crystal superalloys[J]. Materials Science and Engineering，A，1993，

172：101 ~105.

［13］陈志强，韩雅芳，钟振纲，等．一种新的镍基单晶高温合金相稳定性预测方法［J］．航空材料学报，1998，18(4)：13 ~18.

［14］Sims C T. 高温合金——宇航和工业动力用的高温材料［M］．赵杰等译．大连：大连理工大学出版社，1992：9 ~15.

［15］姚德良．高温合金的相计算技术［J］．航空材料，1989，9(3)：37 ~44.

［16］冯端．金属物理学［M］．北京：科学出版社，1987：109 ~140.

［17］赵朴．过渡金属基 FCC 合金溶度限 d-电子理论及其在不锈钢中的应用［J］．钢铁研究学报，1995，7(增刊)：130 ~136.

［18］陈志强，韩雅芳，钟振纲，等．多元高温合金固溶极限的预测［J］．航空材料学报，1998，18(3)：82 ~85.

［19］Gurber D. Strength & stability consideration in alloy formation［Z］. Proceedings of the 8th International Symposium on Superalloys. Seven Spring Mountain Resort，PA，1966：111 ~115.

［20］陈志强，韩雅芳，钟振纲，等．镍基单晶高温合金 L 曲线的预测［J］．材料工程，1999(1)：35 ~38.

［21］Schweizer F A，Hartford N Y，Xuan N D. Single crystal nickel-base superalloy for turbine components［P］. U. S. Patent：5077004，1991，12.

［22］Wukusick C S，Leo B. Consists of chromium，molydenum，titanium，aluminum，cobalt，tungsten，thenium，tantalum，niobium vanadium，hafnium and balance nickel；high termperature stress oxidation and corrosion resistance［P］. U. S. Patent：5154884，1992，10.

［23］任英磊．一种镍基单晶高温合金的组织演化及力学性能［D］．沈阳：中国科学院金属研究所，2002.

［24］Caron P，Khan T. Improvement of creep strength in a nickel-base single-crystal superalloy by heat treatment［J］. Materials Science and Engineering，1983，61：173 ~ 175.

冶金工业出版社部分图书推荐

书　名	作　者	定价(元)
纯净钢及高温合金制备技术	牛建平	28.00
镍基合金管材挤压及组织控制	董建新	79.00
铝合金铸造、挤压生产管棒型材	肖立隆	56.00
含铌管线钢的焊接性和耐酸性	中信微合金化技术中心	89.00
轻有色金属及其合金熔炼与铸造	谭劲峰	48.00
轻有色金属及其合金板带箔材生产	刘　阳	45.00
铝合金管、棒、线材生产技术	魏长传	42.00
铝合金生产设备及使用维护技术	李凤轶	38.00
粉末冶金工艺及材料	陈文革	33.00
冶金过程控制基础及应用	钟良才	33.00
冶金研究	朱鸿民	80.00
炼钢厂生产安全知识	邵明天	29.00
转炉钢水的炉外精炼技术	俞海明	59.00
现代冶金工艺学——钢铁冶金卷	朱苗勇	49.00
带钢连续热镀锌生产问答	李九岭	48.00
氧气转炉炼钢工艺与设备	张　岩	42.00
冶金工业节能与余热利用技术指南	王绍文	58.00
电渣冶金的理论与实践	李正邦	79.00